国家科学技术学术著作出版基金资助出版

风电功率预测

王伟胜　冯双磊　王　钊　著

科学出版社

北　京

内 容 简 介

本书主要介绍风电功率预测的原理、方法及应用。内容包括风电功率预测的基本概念、主要方法和发展历程，风电功率预测相关的气象学基础和天气预报基本概念，风电功率物理预测方法，风电功率统计预测方法，模式输出统计方法在风电功率预测中的应用，风电功率预测误差，以及风电功率概率预测方法。书中还提供了大量实例，方便读者理解。

本书可供从事风电功率预测的科研及工程技术人员参考，也可供高等院校电气工程、可再生能源等相关专业的教师、研究生及高年级本科生使用。

图书在版编目（CIP）数据

风电功率预测/王伟胜，冯双磊，王钊著. —北京：科学出版社，2020.11
ISBN 978-7-03-066559-1

Ⅰ. ①风…　Ⅱ. ①王…②冯…③王…　Ⅲ. ①风力发电-功率-预测
Ⅳ. ①TM614

中国版本图书馆 CIP 数据核字（2020）第 209095 号

责任编辑：裴　育　朱英彪　赵微微 / 责任校对：王萌萌
责任印制：张　倩 / 封面设计：陈　敬

科学出版社 出版
北京东黄城根北街 16 号
邮政编码：100717
http://www.sciencep.com
北京中石油彩色印刷有限责任公司印刷
科学出版社发行　各地新华书店经销
*
2020 年 11 月第　一　版　开本：720 × 1000　B5
2024 年 6 月第三次印刷　印张：10
字数：202 000

定价：85.00 元

（如有印装质量问题，我社负责调换）

前　言

风电作为一种可再生的清洁能源，其技术相对成熟，是目前应用最为广泛的新能源发电方式之一。我国风电产业发展迅速，截止到 2019 年底，累计并网装机容量约达 2.1 亿 kW，居世界首位。

输出功率的不确定性是风电面临的一系列并网问题的根源之一，对风电场输出功率进行准确预测是降低风电输出功率不确定性的最有效手段。经过多年发展，功率预测已成为风电调度运行技术的主要组成部分，为大规模风电的有效消纳提供了重要支撑，是目前风电研究领域的热点问题之一。

风电功率预测是一个相对新颖但发展较快的研究方向，其研究最早可以追溯到 20 世纪 90 年代。经过国内外专家学者近三十年的耕耘，风电功率预测研究成果丰硕，方法种类繁多，各成体系。

作为我国最早从事风电功率预测技术研究与系统开发的专业机构，中国电力科学研究院有限公司新能源研究中心开展风电功率预测技术研究已有十余年，在 973 计划、863 计划、国家科技支撑计划及国家重点研发计划的支持下，已开展了较完整的风电功率预测方法研究与工程实践，取得了多项重要研究成果，研发了我国首套业务运行的风电功率预测系统并实现了推广应用。

本书重点对风电功率预测的原理、方法、误差分析等进行介绍。第 1 章阐述风电功率预测的基本概念、主要方法和发展历程；第 2 章介绍风电功率预测相关的气象学基础和天气预报基本概念；第 3 章和第 4 章分别介绍风电功率物理预测方法和统计预测方法；第 5 章介绍模式输出统计方法在风电功率预测中的应用；第 6 章介绍确定性功率预测结果评价指标、预测误差的分布特征，并分析物理预测方法和统计预测方法的误差源；第 7 章介绍风电功率概率预测方法的基本概念、方法原理及评价指标。

本书由王伟胜、冯双磊、王钊撰写，其中王伟胜撰写第 1、5、6 章，冯双磊撰写第 2、3 章，王钊撰写第 4、7 章，全书由王伟胜负责统稿。国家电网有限公司国调中心范高锋教授级高工、中国电力科学研究院有限公司新能源研究中心宋宗朋高工分别为书中风电功率统计预测方法和数值天气预报技术做出了重要贡献。在此向他们表示衷心感谢。

限于作者水平，书中难免存在不妥之处，请读者批评指正。

作　者

2020 年 1 月于北京

目　　录

第1章 绪　　论

1.1 风电功率预测基本概念

风能是地球表面大量空气流动所产生的动能。人类利用风能的历史可以追溯到公元前，风能主要用于风帆助航、提水灌溉等，大规模风能开发则从20世纪70年代世界石油危机开始。

风力发电(以下简称风电)技术是利用风能进行发电的技术，美国、德国、西班牙、丹麦、中国等国家综合了空气动力学、材料力学、电机学等诸多领域的新技术研制了现代风力发电机组，开创了风能利用的新时代。作为目前最主要的可再生能源利用方式之一，世界上很多国家将发展风电作为推动能源转型和应对气候变化的主要途径，对风电的开发给予了高度重视。近年来，风电一直呈现快速发展势头，美国能源部计划到2030年20%的用电量由风电提供，丹麦、德国等国家将风电作为绿色低碳发展目标的重要组成部分；我国也将风电作为推进能源革命、促进大气污染防治的主要手段，2006年颁布实施的《中华人民共和国可再生能源法》为风电的发展注入动力。2005～2010年，我国风电以车装机容量翻番的速度发展，并于2010年底超过美国，跃居世界第一，此后仍保持年均约34%的发展速度。

与火电、水电等常规电源不同，风电主要受气候和环境因素的影响，随机变化的风速、风向使得风电场输出功率具有强烈的随机性、波动性，风电大规模接入电网导致发用电平衡难度加大，电力系统运行不确定性显著增加，系统安全运行与风电有效消纳矛盾日益突出(薛禹胜等，2015)。对风电未来不同时间尺度下的输出功率进行准确预测，即风电功率预测，是降低风电不确定性影响的主要手段。丹麦、德国等国家从20世纪90年代开始研究风电功率预测技术，并研发了相应的功率预测系统；我国于21世纪初开始进行功率预测技术研究工作，首套风电功率预测系统于2009年3月在国网吉林省电力有限公司投入运行。目前，风电功率预测已成为风电调度运行及参与电力市场竞争的基础，在支撑风电有效消纳与电网安全运行等方面发挥了不可替代的作用。

风电功率预测根据风电场基础信息、运行数据、气象信息等建立预测模型，从时间尺度上可分为超短期预测、短期预测、中期预测和长期预测。超短期预测主要用于风电场输出功率实时调整，各国根据实际运行需求，时间尺度一般设定为 0～2h 或 0～4h，并逐 15min 或 1h 滚动更新预测结果；短期预测一般可认为是对风电场未来 0～72h 输出功率的预测，时间分辨率为 15min 或 1h，主要用于发电计划制订以及电力市场交易等；随着海上风电的发展，面向海上风电运维的 5～7 天中期预测技术得到了广泛的关注，但受到数值天气预报预报时效的制约，目前的中期预测精度还不能完全满足需求；长期预测以风电场年、月电量预测为主，不属于功率预测的范畴，不在本书的研究范围内。

1.2 风电功率预测主要方法

为提高预测精度，近年出现了多种预测方法和技术，其中考虑风电场局地效应对风速/风向影响的物理预测方法、基于历史数据的统计预测方法、按照特定策略组合不同预测模型的组合预测方法以及可以描述风电功率预测不确定性的概率预测方法是主流技术路线，而不同技术路线又包含多种具体的预测方法，可按照不同规则对风电功率预测方法进行分类，如图 1-1 所示。

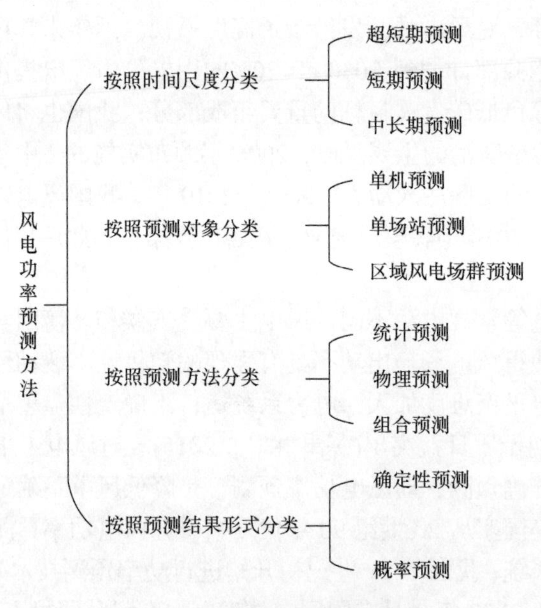

图 1-1 风电功率预测方法分类

1. 按照时间尺度分类

风电功率预测按照时间尺度的划分受到电力调度运行规定、电力市场规则、预测可行性等多种因素的影响。虽然不同的国家和组织对风电功率预测时间尺度的划分没有统一的标准，但是通常都将风电功率预测划分为超短期预测、短期预测和中长期预测三类。

1) 超短期预测

我国对超短期预测的定义是预测未来 0～4h 的功率，时间分辨率为 15min，每 15min 滚动预测一次。美国阿贡国家实验室对超短期预测的定义以小时为预测单位，但没有给出明确的时间尺度。超短期预测主要用于电力系统实时调整及修正短期预测结果。

风电功率的时间序列在超短期预测时长内呈现明显的自相关特性，且这一自相关特性随预测时长增加而快速下降。目前，以功率时间序列数据作为输入的统计外推方法是超短期预测的主要方法。若预测时长小于 1h，最简单的持续法①也可以得到良好的预测效果。但是若预测时长超过 2h，则风电功率时间序列的自相关性降低，仅利用功率时间序列数据预测的精度会逐渐降低，此时综合利用快速更新的数值天气预报(numerical weather prediction，NWP)数据、风电场测风数据等其他有效预测信息进行预测，成为改善超短期预测效果的关键。

2) 短期预测

我国对短期预测的明确要求是预测次日 0 时起至未来 72h 的功率，时间分辨率为 15min。美国阿贡国家实验室规定短期预测的预测上限为 48h 或 72h。我国短期功率预测主要用于制订日前发电计划，欧洲及美国的短期预测主要用于电力市场的日前交易。短期风电功率预测一般需要以数值天气预报的风速、风向等气象要素预报结果作为预测模型的输入，预测方法主要有物理方法、统计方法及组合方法等。

3) 中长期预测

中长期预测一般是指 3 天至若干周的功率预测及月度、年度的电量预测。美国阿贡国家实验室规定中期预测的上限为 7 天。中期预测主要用于优化机组组合、制订常规电源开机计划及海上风电运维检修，长期预测主要用于年、月电量平衡及安排电网输变电设备检修计划、制订燃料计划等。

2. 按照预测对象分类

风电功率预测方法根据预测对象可以分为单机预测、单场站预测和区域风电场群预测。目前风电功率预测研究大多集中在单场站的功率预测上。区域风电场群功率预测是指对较大空间内由多个风电场组成的风电场群进行整体出力预测的方法。常用的风电场群功率预测方法包括累加法、统计升尺度法和空间资源匹配法等。

---

① 持续法是一种采用上一时刻的风电功率作为下一时刻的风电功率预测结果的简单预测方法。在研究中常作为参考方法，如果某种预测模型的结果明显优于持续法模型的预测结果，则说明该模型有效。

3. 按照预测方法分类

1) 统计预测

统计预测是通过一种或多种算法建立历史数据中各种解释变量(如 NWP 数据)与被解释变量(风电场输出功率数据)之间的映射模型，根据此模型，以 NWP 等信息作为输入，对风电场未来的输出功率进行预测。应用于风电功率预测中的统计方法主要有线性或非线性回归、人工神经网络、支持向量机等。人工神经网络方法由于具有分布并行处理、非线性映射、自适应学习、鲁棒容错和泛化能力等特性，成为功率预测中应用最广泛的统计方法。

统计预测的优点在于：在数据完备的情况下，理论上可以使预测误差达到最小值，预测精度较高；通过模型训练调整，对于非训练集内的输入也能给出合适的输出。但统计方法需要大量历史数据支持，且对历史数据变化规律的一致性具有很高要求。此外，以人工神经网络为代表的统计方法，其建模过程带有“黑箱”性，难以清楚说明各变量相互作用的机理。

2) 物理预测

风电功率物理预测是通过建立物理模型，模拟风电场风能资源分布以及风能资源到输出功率转化过程的预测方法。

物理预测需要描述风电场局地效应对风速、风向的影响，因此涉及大量详细的气象与流体模型，并需要将所有模型整合在一起，从而实现从气象要素预报到风电场输出功率预测的转换。物理预测的优点在于，不需要风电场历史功率数据的支持，可在物理模型的作用下，根据 NWP 数据直接进行功率预测，适用于新建和数据不完整的风电场。此外，物理预测可以对预测流程的每一个环节进行分析，并根据分析结果优化预测模型，从而使预测结果更为准确。物理预测的缺点在于对由错误的初始信息所引起的系统误差非常敏感，如风电场地形、地表条件的描述偏差，局地效应模拟模型不准确，功率曲线与实际不符等。

3) 组合预测

不同的预测模型各有优劣，组合预测是将不同模型的预测结果按照特定策略优化组合起来，得到一个组合预测结果，以期达到提升预测效果的目的。组合方法是对预测结果的优化，只要预测功率时间序列对应即可进行组合预测，不限制各个预测模型所采用的具体算法(王铮等，2017)。目前，不同 NWP 可提供的数据众多，充分挖掘不同 NWP 的信息来提高风电功率预测效果也是组合预测的一个重要研究方向。

机器学习中的集成学习(ensemble learning)理论给出了丰富的组合策略，将集成学习的理论方法应用到风电功率的组合预测是研究的热点。集成学习主要包括三大类方法：基于自助重采样的 Bagging(bootstrap aggregating)类方法；顺序训练多个学习器，每个学习器针对上一个学习器的计算误差等缺陷进行不断改进的 Boosting 增强类方法；以各模型预测结果为输入，建立新的机器学习模型的 Stacking 堆叠类方法。

4. 按照预测结果形式分类

根据预测结果形式的不同，可将风电功率预测分为确定性预测和概率预测。

1) 确定性预测

确定性预测，又称点预测，其预测结果形式是风电功率未来逐点期望值。确定性预测不能定量反映风电功率的不确定性。物理预测方法、统计预测方法和组合预测方法等都可以应用于风电功率的确定性预测。

2) 概率预测

概率预测是对未来风电出力波动范围的预测，常见的概率预测结果形式包括概率分布函数、分位数和预测区间。概率预测能够量化描述风电功率的不确定性信息，是点预测的延伸。概率预测可分为参数化方法和非参数化方法。非参数化方法包括分位数回归、核密度估计等；参数化方法包括参数分布模型(如正态分布、Beta 分布等)、广义误差分布模型等。

1.3 风电功率预测技术发展历程

作为支撑风电参与调度运行和电力市场交易的关键技术，伴随着风电装机占比的不断提升，风电功率预测技术取得了长足的发展，各类先进方法不断涌现，预测精度持续提升。纵观风电功率预测技术的发展历程，以下里程碑事件奠定了风电功率预测的技术路线和基本框架，在预测技术研究开发与推广应用过程中发挥了重要作用。

1. 首套基于物理方法的风电功率预测系统

1990 年，丹麦 RISØ 国家可再生能源实验室的 Landberg(1994)采用类似欧洲风图集的方法开发了一套风电功率预测系统，该系统将 NWP 包含的风速、风向、气温等信息通过理论公式转换到风电机组轮毂高度的风速和风向，根据功率曲线得到风电场的预测功率，并根据风电场的尾流效应对功率进行修正。1994 年，丹麦 RISØ 国家可再生能源实验室在 Landberg 的研究基础上开发了第一套较为完整的风电功率预测系统 Prediktor。该系统从丹麦气象研究所(Danish Meteorological Institute)的高分辨率有限区域数值(high resolution limited area model, HIRLAM)天气预报模式计算 NWP 数据，结合 Landberg(1994)的方法实现风电场输出功率预测，该系统在丹麦、德国、法国、西班牙、爱尔兰、美国等国家的风电场得到广泛应用。

2. 首套基于统计方法的风电功率预测系统

1994 年，丹麦技术大学开发了基于自回归统计方法的风电功率预测软件 WPPT。WPPT 最初采用自适应回归最小平方根估计方法，并结合遗忘算法，可给出未来 36h 的预测结果。自 1994 年以来，WPPT 一直在丹麦电力系统运行。

3. 首套基于组合方法的风电功率预测系统

2003 年，丹麦 RISØ 国家可再生能源实验室与丹麦技术大学联合开发了新一代风电功率预测系统 Zephry，该系统融合了 Prediktor 和 WPPT 的优点，可进行 0～9h 和 36～48h 的预测，时间分辨率为 15min。

4. 我国首套业务运行的风电功率预测系统

2009 年 3 月，由中国电力科学研究院有限公司(简称中国电科院)基于组合预测方法研发的我国首套业务运行的风电功率预测系统，在国网吉林省电力有限公司投运，该系统结合我国风电发展模式、电力调度自动化系统功能规范要求，定义了风电功率预测系统的技术路线、系统功能、硬件架构，为功率预测技术在我国的推广应用奠定了基础(范高锋等，2011)。

目前，功率预测技术在中国、美国、德国、丹麦等国家均得到了广泛应用，表 1-1 总结了国内外较为成熟的风电功率预测系统。

表 1-1　国内外风电功率预测系统

年份	预测系统	特点	采用方法	开发者	应用范围
1994	Prediktor	采用 HIRLAM 天气预报模式，预测时间范围为 0～36h	物理预测	丹麦 RISØ 国家可再生能源实验室	丹麦、德国、法国、西班牙、爱尔兰、美国等
1994	WPPT	采用自回归统计方法，将自适应回归最小平方根法与遗忘算法相结合	统计预测	丹麦技术大学	丹麦、澳大利亚、加拿大等
1998	eWind	多种统计学模型	组合预测	美国 AWS Truewind 公司	美国
2001	WPMS	采用人工神经网络算法建立预测模型	统计预测	德国太阳能研究所	德国
2001	Sipreólico	自适应风电场运行状态或 NWP 模式的变化，不需要预校准，预测时间为 0～36h	统计预测	西班牙马德里卡洛斯三世大学	马德拉群岛、克里特岛等
2002	Previento	结合风电场当地具体的地形、海拔等条件，对 NWP 数据进行空间细化	组合预测	德国奥尔登堡大学	德国

续表

年份	预测系统	特点	采用方法	开发者	应用范围
2003	Zephry	综合 Prediktor 和 WPPT 的优点，预测时间超过 6h 时采用 Prediktor 预测，低于 6h 时采用 WPPT 预测	组合预测	丹麦 RISØ 国家可再生能源实验室与丹麦技术大学	丹麦、澳大利亚
2003	LocalPred-RegioPred	基于自回归模型，采用计算流体动力学(CFD)对 NWP 的风速和风向进行降尺度	组合预测	西班牙国家可再生能源中心与西班牙能源、环境和技术研究中心	西班牙、爱尔兰
2005	WEPROG MSEPS	NWP 每 6h 循环更新、多方案集合预报技术，基于在线及历史数据采集与监视控制(SCADA)系统监测数据的功率预测方法	组合预测	科克大学	爱尔兰、德国、丹麦西部
2008～2012	ANEMOS.plus	欧盟 ANEMOS 项目衍生系统，侧重于支撑电力市场交易的风电功率预测(Giebel et al.，2011)	组合预测	欧盟	爱尔兰、英国、丹麦、德国
2008	SafeWind	欧盟 ANEMOS 项目衍生系统，重点针对极端天气预报	组合预测	欧盟	爱尔兰、英国、丹麦、德国
2009	WPFS	采用 B/S 结构，可以跨平台运行；每天 15:00 前预测次日 0:00～24:00 的风电功率，分辨率为 15min，最长预测未来 144h 的风电功率	组合预测	中国电科院	吉林、江苏、黑龙江等 26 个省(区)
2011	NSF 3100	包括数据监测、功能预测、软件平台展示三个部分	组合预测	南瑞集团有限公司	华北电网、东北电网，福建、内蒙古、江苏、浙江、甘肃等省(区)

1.4　本书章节安排

在国家科技项目的资助下，中国电科院历时近 10 年，建立了一整套风电功率预测的理论、方法及模型，研发了首套风电功率预测系统并在我国 26 个省级以上电力调控中心推广应用。本书正是在上述成果的基础上撰写的，书中重点对风电功率预测的原理、方法和结果分析等进行介绍。

第 1 章主要介绍风电功率预测的概念、风电功率预测的主要方法及风电功率预测的发展历程。

第 2 章主要介绍影响风电功率的关键气象要素、大气运动的基本原理与基础知识以及数值天气预报的基本概念及特点等。

第3章主要介绍风电功率物理预测方法，包括：地形变化对风速、风向的影响，边界层内、外及中间层流场扰动的求解方法；粗糙度变化对风速、风向的影响，粗糙度变化模型及求解方法；尾流效应对风速、风向的影响及尾流模型；建立风电功率预测的物理模型，并给出相应的计算实例。

第4章主要介绍风电功率统计预测方法，包括：风电功率预测的时间序列模型、反向传播(back propagation, BP)神经网络模型、径向基函数神经网络模型、支持向量机模型；模型输入数据的归一化；各模型预测性能比较等。同时还对常用的预测组合方法进行介绍，并给出了实例分析。

第5章主要介绍模式输出统计方法在风电功率预测中的应用，包括：模式输出统计的基本概念、一元线性回归模型及最小二乘估计原理；模式输出统计对物理预测方法和统计预测方法的误差修正及实例分析。

第6章主要介绍确定性功率预测结果评价指标、风电功率预测误差的分布特征，并通过风电功率物理预测方法和统计预测方法分析预测误差的产生机理及各误差源的影响等。

第7章主要介绍风电功率概率预测方法的基本概念和实现方法，为客观评价预测效果介绍概率预测的评价体系，最后分别介绍基于径向基函数神经网络的分位数回归概率预测方法和基于距离加权核密度估计的概率预测方法，并给出相应的计算实例。

第2章　气象学基础与天气预报

2.1　引　　言

大气层的最底层同人类活动联系最为紧密，这部分大气称为大气边界层。大气边界层直接受地表摩擦力、热传递、水汽蒸发、植被蒸腾和地形变化等因素的影响，其厚度随时空的变化很大，从几百米到一两公里不等。

风电机组位于大气边界层内，掌握边界层内的大气运动特征是开展风电功率预测的基础。边界层内大气运动非常复杂，涉及多种尺度上的流动变化。风电功率预测，特别是短期功率预测，以 NWP 的风速、风向等气象要素作为输入数据，NWP 的准确性对功率预测结果有着显著的影响。虽然不同 NWP 模式系统存在一定技术差异，但其遵循的基本原理类似。

为突出重点并为后续物理预测方法奠定理论基础，本章首先分析与风电输出功率相关的气象要素，然后介绍大气运动的基本原理和方程简化过程以及在物理预测方法中非常重要的对数风廓线和地转拖曳定律(geostrophic drag law)的基本概念，最后介绍 NWP 的基本原理及适用于风电功率预测的 NWP 技术要求。

2.2　气象要素对风电功率的影响

研究风电功率预测，首先需要厘清关键气象要素对风电输出功率的影响，为风电功率预测模型构建提供有效输入数据。

2.2.1　风速与输出功率的关系

风电机组的叶轮从风中吸收能量并将其转化成风能，其表达式为

$$P_{\mathrm{v}}=\frac{1}{2}\rho V^{3}\pi R^{2}C_{\mathrm{p}} \tag{2-1}$$

式中，P_{v} 为叶轮吸收风能功率，kW；ρ 为空气密度，kg/m^3；V 为风电机组轮毂高度风速，m/s；R 为叶轮扫风面的半径，m；C_{p} 为叶轮的功率系数。风电机组输出功率与风速的三次方成正比，可见风速是影响风电机组输出功率的最重要因素。

在标准空气密度下，某双馈变速型风电机组的输出功率曲线如图 2-1 所示。从图中可以看出，在功率曲线较陡的区域，较小的风速变化会引起较大的功率变化，如风速由 8m/s 变化到 10m/s，功率变化 500kW 左右，约占其额定容量的 25%。

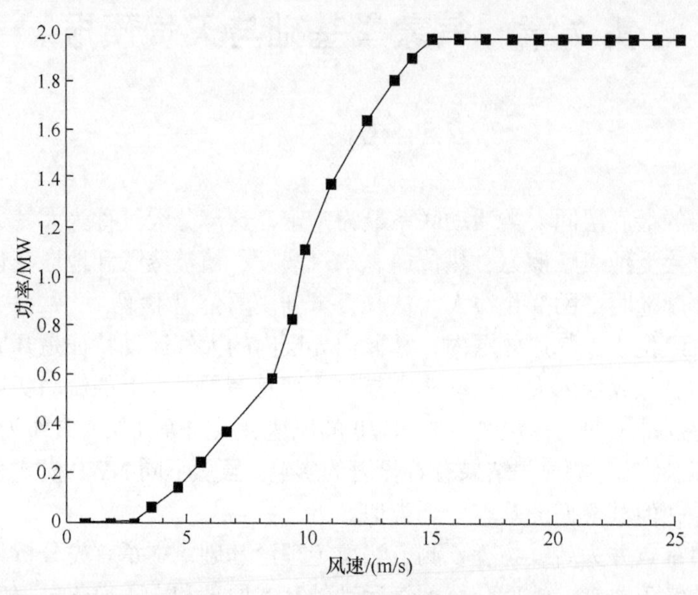

图 2-1 风电机组输出功率曲线

2.2.2 风向与输出功率的关系

风向对输出功率的影响主要体现在以下两个方面：一方面，风电机组的偏航装置根据安装于机舱后部的风速计和风向标监测来风，并调整叶轮对准来风方向，但风电机组的偏航装置有一定滞后，风电机组并不能总是正对来风方向，导致相同风速下，由于对风偏差，风电机组输出功率会存在差异。另一方面，风向会对风电场输出功率造成影响。风电场一般由多台风电机组组成，由于风能被风电机组叶轮部分吸收并经发电机转化为电能，风流经风电机组后，风速会出现明显的降低，即尾流效应。受到上风向风电机组尾流效应的影响，下风向风电机组捕获的风能减少，风电机组的输出功率也会降低，从而影响整个风电场的输出功率。

图 2-2 为某风电场的风速、风向与输出功率的关系图，可见受尾流效应影响，风电场输出功率在不同风向下存在较大差异。实际工程中，为减小尾流效应对下游风电机组的影响，各风电机组之间会留出一定距离，通常在平行主导风向上，相邻两台风电机组的间距为 6～10 倍的叶轮直径，垂直风向方向上间距一般为 3～5 倍的叶轮直径。

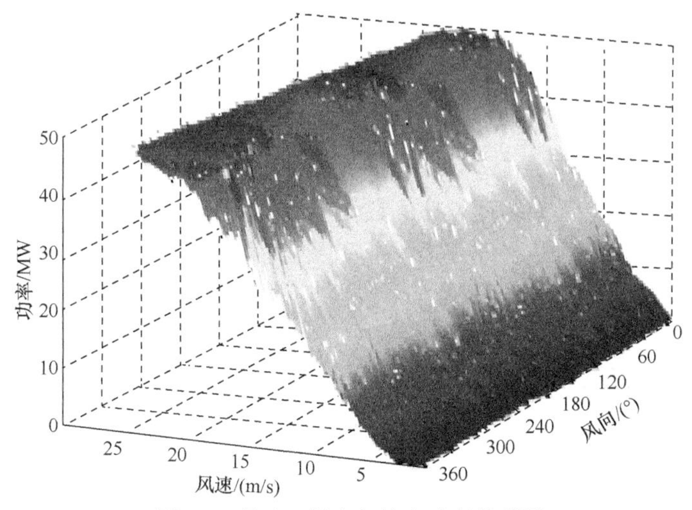

图 2-2　风速、风向与输出功率关系图

2.2.3　空气密度与输出功率的关系

根据式(2-1)，空气密度 ρ 的大小也会影响叶轮捕获风能的多少。图 2-3 为某双馈变速风电机组在不同空气密度下的输出功率曲线。在风速为 11m/s、空气密度分别为 1.225kg/m^3 和 1.06kg/m^3 时，对应的风电机组输出功率差值达到 212kW，约占其额定容量的 10%。

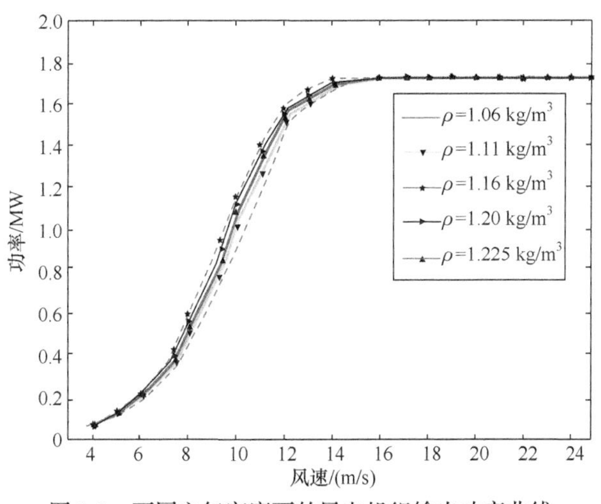

图 2-3　不同空气密度下的风电机组输出功率曲线

此外，空气密度与气温、气压和湿度有关。在干空气条件下，空气密度与压强成正比，与温度成反比。假定温度不变，在湿空气条件下，由于水汽分担了空气中的压强，空气密度随相对湿度的增大而减小。

2.3　大气运动理论基础

大气运动遵守牛顿第二定律、质量守恒定律、热力学能量守恒定律、水汽守恒定律等物理定律，这些物理定律的数学表达式分别为动量方程、连续性方程、热力学方程、状态方程和水汽方程等基本方程，它们构成支配大气运动的基本方程组(盛裴轩等，2013)。大气运动非常复杂，几乎涉及所有尺度上的流动变化情况，本节着重介绍与风电功率预测相关的内容，主要包括大气运动方程及其简化、对数风廓线及地转拖曳定律等。

2.3.1　大气运动原理

由于地球自转及不同高度大气对太阳辐射吸收程度的差异，大气在水平方向上比较均匀，而在垂直方向呈明显的层状分布，故可按照大气的热力性质、电离状况、大气组合等特征将大气分成若干层。大气动力学研究中常按照大气中性成分的热力结构分层，即把大气划分为对流层、平流层、中间层和热层，如图 2-4 所示。对流层高度主要受地面温度的影响，一般来说，赤道附近及热带对流层顶高为 15～20km，极地和中纬度带对流层顶高为 8～14km。

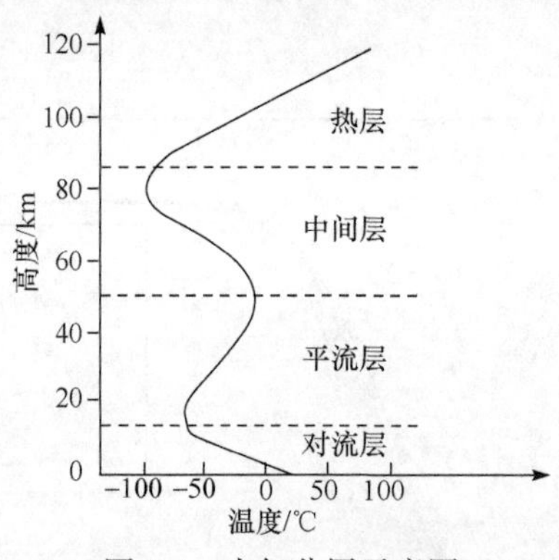

图 2-4　大气分层示意图

靠近下垫面的对流层底层称为大气边界层，该层受到地面的直接影响，包括地表摩擦力、热传递、水汽蒸发、植被蒸腾和地形变化等，厚度从数百米到一两公里。大气边界层中，湍流是主要的运动形态，各种尺度的湍流对边界层内大气间的动量传输、热量输送、水汽交换及物质输送起着主要作用。

大气边界层也是一个多层结构，根据各层受力不同，可将边界层分为如下几层。

(1) 黏性副层，该层紧靠地面，层内分子黏性占主导，但该层的典型厚度为 1cm，在实际问题中可以忽略。

(2) 近地面层，从黏性副层到 50～100m，该层内大气运动呈现明显的湍流性质，各气象要素随高度的变化比边界层的中、上部分显著，湍流通量值随高度变化很小，可假设湍流通量在该层保持不变。

(3) 上部摩擦层或埃克曼层，该层的范围是从近地面层到 1～1.5km。
大气边界层以上部分主要是大尺度气压系统，地表面对大气运动的作用可以忽略不计，这部分大气称为自由大气，自由大气中的运动基本是水平的。大气边界层受地面直接作用的影响与自由大气中的运动存在较大差异，主要表现为：①风在边界层中以平均风、湍流和波动三种形式出现，而波动和湍流通常叠加在平均风上，因此边界层风具有明显的湍动特征，如图 2-5 所示；②受太阳辐射的影响，大气边界层风具有明显的日变化，低层风速白天增大，夜晚降低，而上层风速的变化则相反，如图 2-6 所示；③风速和风向具有明显的垂直梯度，例如，由于下垫表面的摩擦作用，风速在接近地面处为零值，随着高度的增加逐渐变化到边界层顶的自由大气风速值。

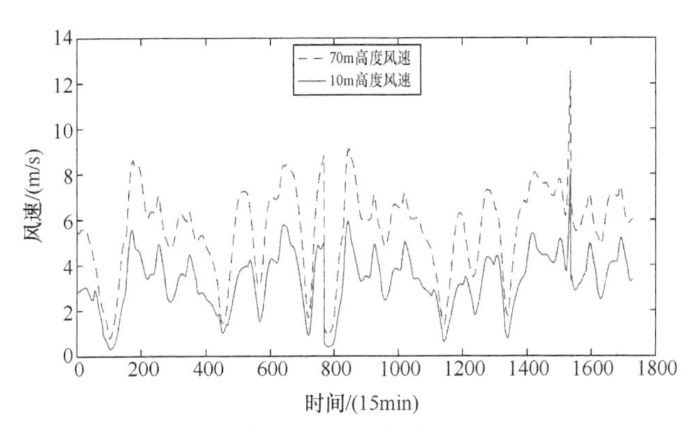

图 2-5　边界层风速

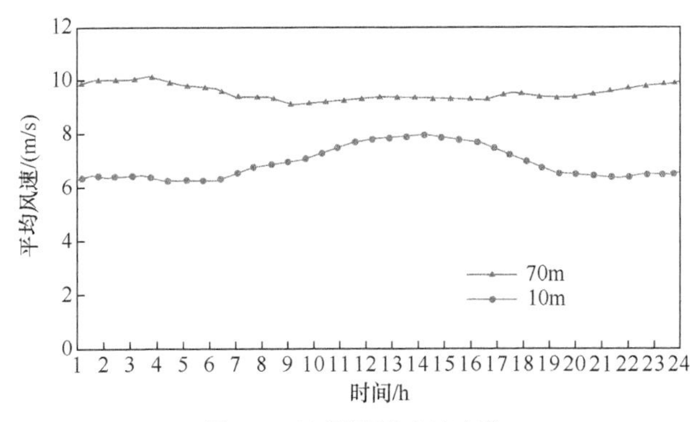

图 2-6　边界层风速日变化

2.3.2 大气层结稳定度

在静力平衡状态的大气中，一些空气团块受到动力因子或热力因子的扰动，就会产生向上或向下的垂直运动从而偏离其平衡位置，但这种垂直扰动能否继续发展，是由大气层结，即大气温度和湿度的垂直分布状态决定的(Stull，1988)。大气层结所具有的这种影响垂直运动的特性称为大气的静力稳定度，也称大气层结稳定度。假定气块受到垂直扰动，如果气块到达新位置后有继续移动的趋势，则此气层的大气层结是不稳定的，它表明稍有扰动就会导致垂直运动的发展。如果气块有返回原平衡位置的趋势，则这种大气层结是稳定的。如果气块既不远离平衡位置也无返回平衡位置的趋势，而是随遇平衡，就是中性的。根据实验观测，稳定层结的发生频率约为 68%，不稳定层结的发生频率约为 12%，中性层结的发生频率约为 20%，而稳定层结也主要表现为近中性情况。图 2-7 为大气层结稳定度的频率分布。中性层结在理论上比较简单，又具有其他稳定度的共性，所以常将对于中性层结的研究作为大气研究的基础。

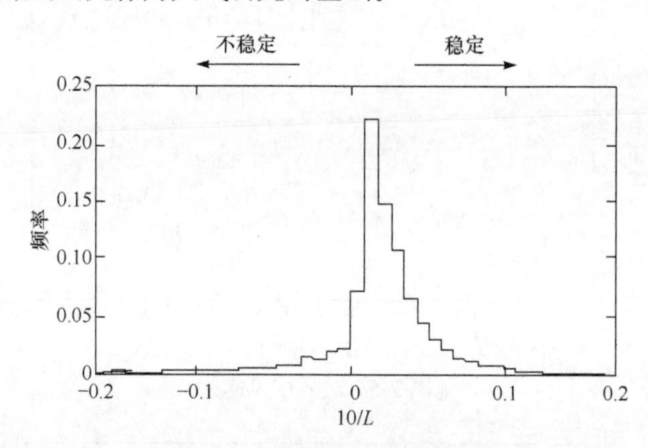

图 2-7　大气层结稳定度频率分布

L 为莫宁-奥布霍夫长度，为负值代表不稳定层结，为正值代表稳定层结，为 0 代表中性层结

2.3.3 大气运动方程及其简化

大气运动方程是牛顿运动定律等在地球大气中的应用。牛顿运动定律应用在流体动力学中产生了纳维-斯托克斯(Navier-Stokes，NS)方程。因此，大气运动方程和纳维-斯托克斯方程有许多共同之处，主要区别是：大气运动处于旋转的地球表面上，除了受重力、气压梯度力、黏性摩擦力以外，还受因地球自转而产生的科里奥利力(简称科氏力)和惯性离心力的作用，大气运动方程如下：

$$\frac{\mathrm{d}\boldsymbol{V}}{\mathrm{d}t}=\boldsymbol{g}^{*}-\frac{1}{\rho}\nabla p+\nu\nabla^{2}\boldsymbol{V}-2\boldsymbol{\Omega}\times\boldsymbol{V}-\boldsymbol{\Omega}\times(\boldsymbol{\Omega}\times\boldsymbol{r}) \tag{2-2}$$

(1) (2) (3) (4) (5)

式中，$\boldsymbol{V}$ 为风速矢量；第(1)项为气块所受万有引力；第(2)项为气压梯度力，其中 ρ 为空气密度，∇ 为哈密顿算子，p 为空气压强；第(3)项为分子内摩擦力，其中 ν 为运动分子黏性系数；第(4)项为科氏力，$\boldsymbol{\Omega}$ 为地球旋转角速度向量，科氏力在惯性力系中为物体的加速度，在非惯性力系中可看成力，这里科氏力是虚拟力，科氏力垂直流体运动方向并与流体速度成正比，在北半球科氏力指向风矢量的右方；第(5)项为惯性离心力，也是虚拟力，其中 $\boldsymbol{r}$ 为气块位置矢量，其大小为地心至气块重心的距离。

地球表面上某点所处的标准坐标系表征为 (x, y, z)，球面坐标系表征为 (r, φ, λ)。在标准坐标系下，风速矢量 $\boldsymbol{V}$ 表示为 $\boldsymbol{V}=u\boldsymbol{i}+v\boldsymbol{j}+w\boldsymbol{k}=\frac{\mathrm{d}x}{\mathrm{d}t}\boldsymbol{i}+\frac{\mathrm{d}y}{\mathrm{d}t}\boldsymbol{j}+\frac{\mathrm{d}z}{\mathrm{d}t}\boldsymbol{k}$，其中，$u\boldsymbol{i}$、$v\boldsymbol{j}$、$w\boldsymbol{k}$ 为风速矢量在 x、y、z 轴方向上的分量，$\boldsymbol{i}$、$\boldsymbol{j}$、$\boldsymbol{k}$ 为 x、y、z 轴的单位矢量。在标准坐标系下，地球旋转角速度 $\boldsymbol{\Omega}=\Omega_x\boldsymbol{i}+\Omega_y\boldsymbol{j}+\Omega_z\boldsymbol{k}$，其中 $\Omega_x=0,\ \Omega_y=\Omega\cos\varphi,\ \Omega_z=\Omega\sin\varphi$，$\Omega$ 为地球旋转角速度大小。

不考虑分子黏性作用，在标准坐标下，分别在 $\boldsymbol{i}$、$\boldsymbol{j}$、$\boldsymbol{k}$ 三个方向写出的大气运动方程的标量形式为

$$\frac{\mathrm{d}u}{\mathrm{d}t}=-\frac{1}{\rho}\frac{\partial p}{\partial x}+2\Omega v\sin\varphi-2\Omega w\cos\varphi \tag{2-3}$$

$$\frac{\mathrm{d}v}{\mathrm{d}t}=-\frac{1}{\rho}\frac{\partial p}{\partial y}-2\Omega u\sin\varphi \tag{2-4}$$

$$\frac{\mathrm{d}w}{\mathrm{d}t}=-\frac{1}{\rho}\frac{\partial p}{\partial z}-g+2\Omega u\cos\varphi \tag{2-5}$$

式中，u、v、w 为风速矢量在水平与垂直方向上的分量；φ 为气块位置的纬度；g 为重力加速度。

式(2-3)～式(2-5)即构成了大气运动方程。但三式中存在 4 个未知数，而方程为 3 个，此时可根据质量守恒定律给出第 4 个方程，即连续方程：

$$\frac{\partial\rho}{\partial t}+\frac{\partial\left(\rho u_j\right)}{\partial x_j}=0 \tag{2-6}$$

若将大气看成不可压缩流体，则式(2-6)可简化为

$$\frac{\partial u}{\partial x}+\frac{\partial v}{\partial y}+\frac{\partial w}{\partial z}=0 \tag{2-7}$$

根据式(2-3)～式(2-5)与式(2-7)，理论上可以求解大气在所有尺度上的流动变化问题。但是，不同尺度下的运动形态中方程各项所起的作用并不一样，为了突出主要研究对象，需要对方程在不同尺度下进行简化。

气象上一般按照大气运动系统的水平范围，划分为大、中、小、微四类尺度。大尺度系统水平范围为几千公里，如大气长波、大型气旋和反气旋等；中尺度系统水平范围为几百公里，如台风、温带气旋；小尺度系统水平范围为几公里到几十公里，如雷暴、山谷风；微尺度系统水平范围为几公里及以下，如龙卷风、积云等。风电输出功率主要受水平风矢量影响，因此，主要给出水平运动方程在各种尺度下的简化形式。

根据流体力学欧拉场表述，个别变率 $\frac{\mathrm{d}}{\mathrm{d}t}$ 可分解为时间变率和平流变率两部分，即

$$\frac{\mathrm{d}}{\mathrm{d}t}=\frac{\partial}{\partial t}+u\frac{\partial}{\partial x}+v\frac{\partial}{\partial y}+w\frac{\partial}{\partial z}$$

根据欧拉法得到的大气的水平运动方程表示为

$$\underset{}{\frac{\partial u}{\partial t}}=\underset{(1)}{-u\frac{\partial u}{\partial x}}\underset{(2)}{-v\frac{\partial u}{\partial y}}\underset{(3)}{-w\frac{\partial u}{\partial z}}\underset{(4)}{-\frac{1}{\rho}\frac{\partial p}{\partial x}}\underset{(5)}{+2\Omega v\sin\varphi}\underset{(6)}{-2\Omega w\cos\varphi} \tag{2-8}$$

式中，第(1)、(2)、(3)项为惯性力项；第(4)项为气压梯度力项，是大气运动的外力，在任何尺度下都必须保留；第(5)、(6)项为科氏力项。

小尺度或微尺度系统中，惯性力项远大于科氏力项，可略去科氏力项，有

$$\begin{cases}\dfrac{\partial u}{\partial t}=-u\dfrac{\partial u}{\partial x}-v\dfrac{\partial u}{\partial y}-w\dfrac{\partial u}{\partial z}-\dfrac{1}{\rho}\dfrac{\partial p}{\partial x}\\[2mm]\dfrac{\partial v}{\partial t}=-u\dfrac{\partial v}{\partial x}-v\dfrac{\partial v}{\partial y}-w\dfrac{\partial v}{\partial z}-\dfrac{1}{\rho}\dfrac{\partial p}{\partial y}\end{cases} \tag{2-9}$$

中尺度系统中，惯性力项和科氏力项具有相同的数量级，都需保留，如下：

$$\begin{cases}\dfrac{\partial u}{\partial t}=-u\dfrac{\partial u}{\partial x}-v\dfrac{\partial u}{\partial y}-w\dfrac{\partial u}{\partial z}-\dfrac{1}{\rho}\dfrac{\partial p}{\partial x}+f_v\\[2mm]\dfrac{\partial v}{\partial t}=-u\dfrac{\partial v}{\partial x}-v\dfrac{\partial v}{\partial y}-w\dfrac{\partial v}{\partial z}-\dfrac{1}{\rho}\dfrac{\partial p}{\partial y}-f_u\end{cases} \tag{2-10}$$

式中，$f_u=2\Omega v\sin\varphi$；$f_v=2\Omega u\sin\varphi$；参数 f 为地转参数，在中高纬度地区，$f\approx10^{-4}\mathrm{s}^{-1}$。

大尺度系统中，惯性力项远小于科氏力项，可略去惯性力项，有

$$\begin{cases} u_g = -\dfrac{1}{f\rho}\dfrac{\partial p}{\partial y} \\ v_g = \dfrac{1}{f\rho}\dfrac{\partial p}{\partial x} \end{cases} \tag{2-11}$$

式中，(u_g,v_g)为地转风。

显然，地转风是在大气水平运动方程简化的基础上根据气压分布计算出来的风，并非实际存在的。但是，在中高纬度地区的自由大气中，地转风与实际风相当接近，可认为是实际风的良好近似。由于自由大气中的大尺度运动近似地满足地转关系，故也称为准地转近似。需要注意的是，该近似只适用于中高纬度地区，在低纬度地区，地转参数 f 值很小，实际风与计算得到的地转风差别很大。

根据大尺度系统的简化方程，如果自由大气中的运动是大致平直的，那么可忽略离心力，于是作用在运动大气上的主要力就只有气压梯度力和科氏力，这两种力的平衡称为地转平衡，此时自由大气中的气流保持水平匀速直线运动。

2.3.4　大气边界层中的运动方程

受地面强迫作用的影响，边界层中的大气流动形态都是湍动的，因此将大气运动方程应用于边界层时，必须对方程进行相应的修改以反映湍流摩擦力的作用。大气边界层中各变量的瞬时行为主要表现为波动性，详细的波动信息在很多情况下并不是非常重要的，而更为重要的是这些波动行为在影响流体平均行为时的宏观效应。根据 2.3.3 节的大气运动方程可知，方程中描述的是各变量的瞬时状态，此时，可根据雷诺平均的思路，将湍流运动设想成两种运动的组合，即在平均运动上叠加了不规则的、尺度范围很广的脉动。

按照雷诺平均法得到的平均动量(也称为雷诺平均纳维-斯托克斯，Reynolds-averaged Navier-Stokes，RANS)方程为

$$\underset{(1)}{\frac{\partial \overline{u}_i}{\partial t}} + \underset{(2)}{\overline{u}_j\frac{\partial \overline{u}_i}{\partial x_j}} = \underset{(3)}{-\frac{1}{\overline{\rho}}\frac{\partial \overline{p}}{\partial x_i}} \underset{(4)}{- \delta_{ij}g} + \underset{(5)}{f\varepsilon_{ij}\overline{u}_j} + \underset{(6)}{\nu\frac{\partial^2 \overline{u}_i}{\partial x_j^2}} - \underset{(7)}{\frac{\partial(\overline{u_i'u_j'})}{\partial x_j}} \tag{2-12}$$

式中，第(1)项表示动量增加率；第(2)项表示惯性力项，代表平流输送；第(3)项描述气压梯度力的影响；第(4)项表示重力在垂直方向上的作用；第(5)项描述科氏力的作用；第(6)项表示黏性应力的影响。显然第(7)项是对大气运动方程取雷诺平均后多出的一项，该项具有单位面积上力的量纲，称为湍流切应力(也叫雷诺应力)。

根据式(2-12)，雷诺平均运动方程和大气基本运动方程的形态相同，但多出一些湍流项，此时方程的数目并未增加，而未知变量增加了，显然此时的雷诺平均方程是不闭合的。为了求解方程，需将湍流项由其他平均量表示出来，这称为湍

流闭合问题。目前，经常采用的湍流闭合方案有根据湍流运动与分子热传导运动的相似性得出的混合长闭合模型和反映湍流动能的变化及分子黏性对湍能的耗损的 k-ε 模型。

2.3.5 对数风廓线

对数风廓线用来描述中性近地面层中风速随高度的变化情况，是广泛采用的一种风廓线。借助对数风廓线可求取不同高度的风速。由前所述，近地面层中动量通量为常数，有

$$\frac{\tau}{\rho_0} = -\overline{u'w'} = u_*^2 \tag{2-13}$$

式中，τ 为湍流切应力；u_* 为摩擦速度，为具有速度量纲的非负常数，u_*^2 具有湍流切应力的性质，一般随高度而变化。

借鉴分子热传导运动的混合长理论，湍流的扩散仅与局地速度梯度有关，所以有

$$u_*^2 = K_t \frac{\mathrm{d}\overline{u}}{\mathrm{d}z} \tag{2-14}$$

式中，K_t 为湍流黏性系数，其与湍流强弱及不同尺度的湍流能量分配有关。

进一步考虑到空气团越靠近地面越受地面制约，混合长 l_t(混合长指的是湍流场中，流体微团运动一段距离后仍保留原有特性而不与周围介质混合的长度)应与离地面高度 z 成正比，所以有

$$l_t = \kappa z \tag{2-15}$$

式中，κ 为卡门常数，其值为 0.3～0.42，一般取 0.4。

令湍流速度尺度为 u_*，系数 K_t 可写成

$$K_t = \kappa u_* z \tag{2-16}$$

将式(2-16)代入式(2-14)，可得

$$\frac{\mathrm{d}\overline{u}}{\mathrm{d}z} = \frac{u_*}{\kappa z} \tag{2-17}$$

假设近地面层中摩擦速度不随高度变化，则对式(2-17)积分，并设 $z = z_0$ 处，$\overline{u} = 0$，得到中性层结下风速廓线——对数风廓线：

$$\frac{\overline{u}}{u_*} = \frac{1}{\kappa} \ln\left(\frac{z}{z_0}\right) \tag{2-18}$$

式中，z_0 是地表粗糙度，作为下边界层的主要几何长度，表示地表的粗糙程度。若地表较为平坦光滑，则 z_0 较小，反之则较大。

根据经验数据对不同的地表类型进行划分，并用代表性粗糙度来表示，是气象领域中评价地表植被情况常用的方法。在对数风廓线中，z_0 对应平均风速等于零的高度。

以上就完成了对数风廓线的推导，并实现了对由风切变产生的湍流动量通量的参数化描述，显然对数风廓线包含了混合长度的理论。根据对数风廓线，原则上只要知道地表粗糙度与摩擦速度就可求出任意高度的风速。但对数风廓线是一种时均的风廓线，不能描述任意时刻的瞬时垂直风速，所以也不能求得湍流波动的详细信息。此外，对数风廓线只适用于中性大气，应用于非中性大气时，应根据莫宁-奥布霍夫相似性理论对风廓线进行修改。如前所述，大气稳定度主要表现为近中性稳定，所以对数风廓线在大部分情况下的计算精度可满足工程应用的要求。

2.3.6　地转拖曳定律

根据 2.3.3 节，中高纬度地区的大尺度自由大气中，地转风与实际风相当接近，可认为是实际风的良好近似，且气流保持水平匀速直线运动。地转风在大尺度系统中有保持不变的特点，可作为联系大气边界层中不同位置风速、风向的桥梁。图 2-8 给出了地转风的示意图。

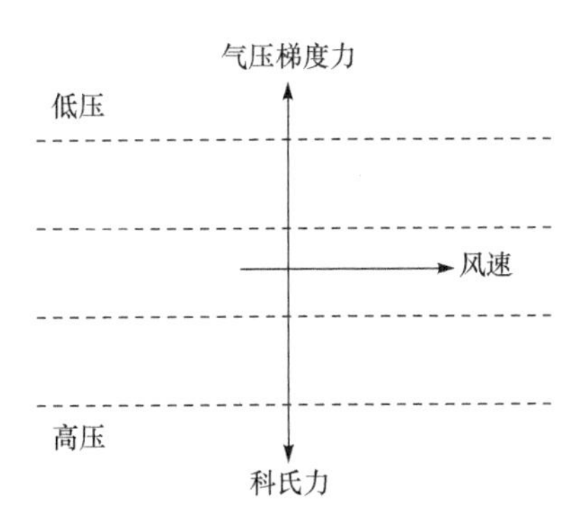

图 2-8　地转风示意图

地转风被认为是大气边界层中气流运动的驱动力，可根据地转拖曳定律建立地转风风速与摩擦速度 u_* 及地表粗糙度 z_0 的联系：

$$G = \frac{u_*}{\kappa}\sqrt{\left[\ln\left(\frac{u_*}{fz_0}\right) - A\right]^2 + B^2} \tag{2-19}$$

式中，G 为地转风风速；u_* 为摩擦速度，表示由湍流作用导致的水平运动的向下输送；z_0 为地表粗糙度；κ 为卡门常数；f 为地转参数，取值与纬度有关，中高纬度地区可认为 $f=10^{-4}\mathrm{s}^{-1}$；经验常数 A 与 B 依赖大气层结稳定度，在中性层结下有 A=1.8，B=4.5。

考虑科氏力的作用，且摩擦力随高度升高不断减小，则地转风与地表风的风向存在夹角，可用式(2-20)计算风向夹角：

$$\sin\alpha = \frac{-Bu_*}{\kappa|G|} \tag{2-20}$$

式中，α 为地转风与地表风风向夹角。

由式(2-19)可知，如果定义了某地区的地表粗糙度，并根据大气观测由式(2-11)求得该地区的地转风，那么就可由式(2-19)求得摩擦速度 u_*，再应用式(2-18)的对数风廓线与式(2-20)求得近地面层任意高度的风速、风向。此外，若已知某位置的风速、风向，并定义了该区域的地表粗糙度，则可由对数风廓线求得摩擦速度 u_*，再由式(2-19)与式(2-20)求得地转风风速；若认为地转风风速在大尺度范围内保持不变，则可由地转风来求得其他位置的风速、风向情况，实现测风数据的外推。

显然，以上分析并没有考虑地形与地表粗糙度的变化，只适应于均一下垫面，是一种理想状况。

2.4　数值天气预报

数值天气预报自 20 世纪 50 年代问世以来，经过不断发展，目前已成为气象部门预报天气形势及具体天气要素的主要手段，同时也为风电功率预测提供了风速、风向等时间序列信息，是风电功率预测的基础。

2.4.1　NWP 技术简介

NWP 技术的一般流程(图 2-9)中，首先将描写天气运动过程的大气动力热力学的偏微分方程组进行数值离散化，然后获取反映大气当前动力热力状况的初值

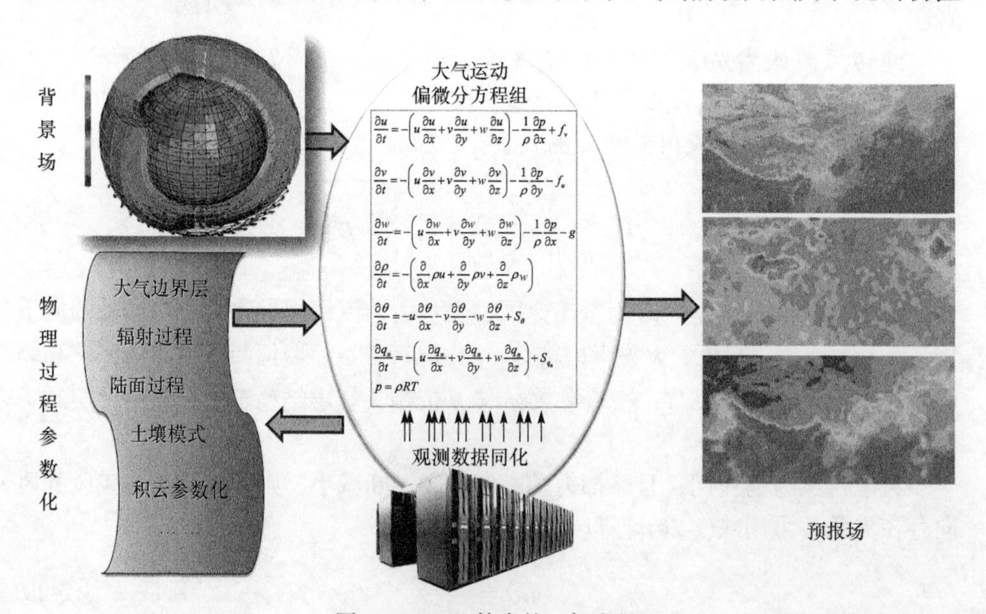

图 2-9　NWP 技术的一般流程

场和边值场，并输入离散化偏微分方程组求解未来的数值变化，在计算的同时添加离散数值求解所不能解析的各种微尺度物理过程的参数化方案，利用观测数据进行同化和订正，最终得到随时间演化的未来预报场(陈德辉和薛纪善，2004)。

目前，NWP 技术已形成了成熟的、可移植的集成模型，即 NWP 模式。NWP 模式分为两种：一种是大尺度的全球模式；另一种是中尺度的区域模式(廖洞贤和王两铭，1986)。

全球模式的目标是求解全球的天气状况，一般采用谱计算方法，吸收全球的气象观测数据进行同化，包括来自地面气象观测站、高空观测站、气象卫星等的数据(Kalnay，2003)。目前世界上较为著名的全球模式包括美国的全球预报系统(global forecasting system，GFS)模式、欧洲的中尺度天气预报(European centre for medium-range weather forecasts，ECMWF)模式、加拿大的全球环境多尺度(global environmental multi-scale，GEM)模式、日本的全球谱模式(global spectrum model，GSM)、我国自主研发的全球/区域同化和预测系统(global/regional assimilation and prediction enhanced system，GRAPES)模式等。目前全球模式的水平空间分辨率为 0.1°×0.1°～0.25°×0.25°，预报时效为 1～16 天，具体信息见表 2-1(Bauer et al.，2015)。全球模式可以为区域模式提供运行所必需的初值场和边值场。

表 2-1　部分国家和地区数值天气预报的业务模式信息

全球模式	来源	水平空间分辨率(最高)	时间分辨率/h	预报时长/天
GFS	美国	0.25°×0.25°	1	16
FV3	美国	0.125°×0.125°	1	16
ECMWF	欧洲	0.1°×0.1°	1	10
GEM	加拿大	0.14°×0.14°	3	10
GSM	日本	0.25°×0.25°	3	11
GRAPES	中国	0.15°×0.15°	3	10

区域模式的目标在于求解几百、几千公里范围的局地气象趋势，从全球模式的预报场中提取出初值场和边值场进行动力降尺度，水平分辨率为几公里左右，一般采用格点差分计算方法(沈桐立等，2003)。区域模式的预报精度依赖全球模式的预报精度，但由于其分辨率较全球模式更为精细化，且能同化吸收更多的包括局地地面气象站、雷达等的观测数据，因此预报结果较全球模式更为精确，区域模式在风电功率预测中也最为常用。目前较为著名的区域模式包括美国的天气研究和预报(weather research and forecasting，WRF)模式、跨尺度预报模式(model for prediction across scales，MPAS)等。区域模式的一般运行流程如图 2-10 所示。

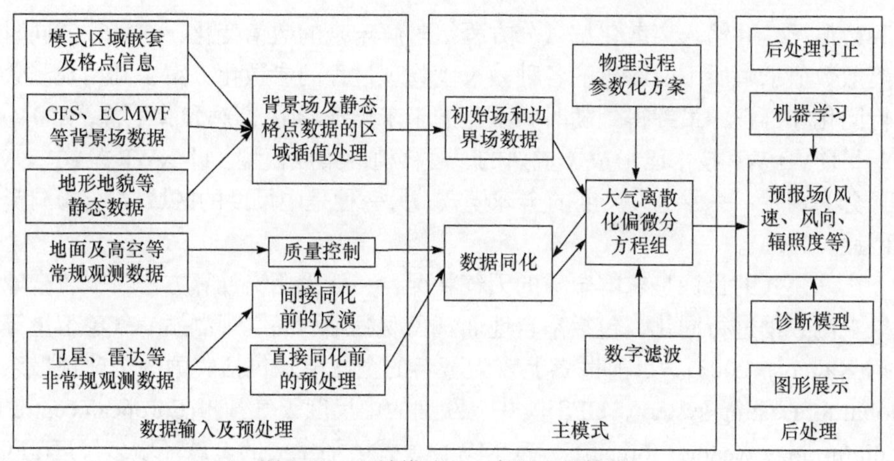

图 2-10　区域模式的一般运行流程图

NWP 模式(无论是全球模式还是区域模式)除了计算大气离散方程组之外，还需要模拟大气辐射、对流、扩散、降水、云雾、水汽、湍流等微物理过程，由于这些物理过程的尺度太小或机制过于复杂，难以由大气运动方程组直接计算得到，所以在计算方程中添加了这些物理过程的代表性统计参量，即参数化方案。参数化方案可直接影响风速、风向、温度、降水量、湿度、覆冰、雷电等多种要素的预报准确度。图 2-11 给出了物理过程参数化方案的模拟对象。参数化方案一般通过对大气偏微分方程添加源汇项①来体现其作用。不同地区的地形、地貌及天气类型差别很大，为提高预报精度，应针对性地设置物理过程参数化方案组合，而非对所有地区都使用同一套方案。

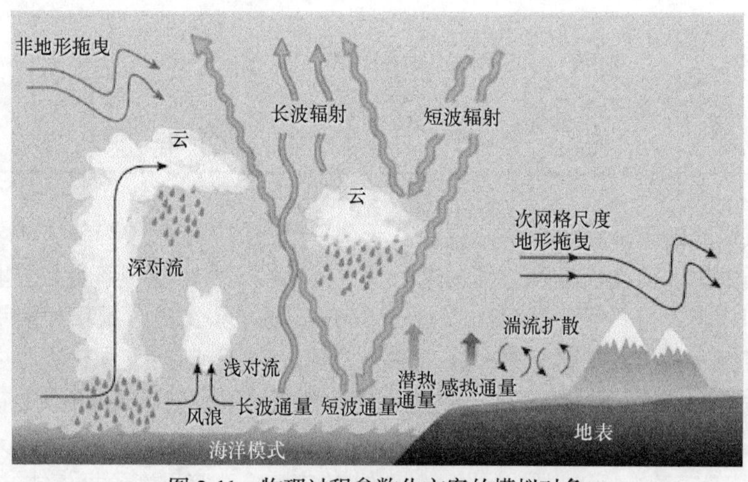

图 2-11　物理过程参数化方案的模拟对象

① 源汇项表示流体系统中外来的注入(即源)或者流出(即汇)。

NWP 模式也需使用观测数据同化的手段，将气象观测资料实时融入 NWP 的计算方程中，通过计算方程将观测数据对预报数据的修正效果扩展到时间和空间格点上，从而提升整体的预报准确度。当今，气象数据不仅有来自全球各地的探空站、地面站、测风站等的大量常规观测数据，而且还包括越来越多的非常规观测数据，如飞机、气象卫星、雷达等不同类型的观测数据，这些观测数据对提高 NWP 精度起着非常重要的作用。目前较为常用的常规数据同化方法包括最优插值、松弛逼近、卡尔曼滤波、三维变分、四维变分等。非常规观测数据的同化一般分为间接同化和直接同化两种。拿卫星数据来说，间接同化就是用卫星的辐射率探测资料反演出温度、湿度廓线或风场等数据，将数据同化入数值模式。直接同化不通过反演，而是在观测算子中考虑大气辐射传输正演模式，使用变分等方法直接融入卫星辐射率。我国多数风电场分布在“三北”地区，而“三北”地区气象观测站点较为稀疏，气象卫星可弥补观测站点稀少的问题，气象卫星同化是提升风速等预报精度的有效手段。目前我国常用的卫星数据特征信息如表 2-2 所示。

表 2-2　目前我国常用的卫星数据特征信息

类型	名称/型号	空间分辨率(可见波段)	时间分辨率/每日过境次数
静止气象卫星	中国 FY-2	1.25km	30min
	中国 FY-4	500m	15min
	日本葵花 8	500m	10min
极轨气象卫星	中国 FY-3	250m	3 次
	欧洲 METOP	1.1km	3～4 次
	美国 NPP	400m	3 次
	美国 NOAA	1.1km	1～4 次
	美国 TERRA	250km	2 次
	美国 AQUA	250km	3 次

2.4.2　风电功率预测使用 NWP 的技术要求

用于风电功率预测的 NWP 需实现定量预报，即给出未来具体时间、某地点相关气象要素的具体值，例如某风电场 2018 年 7 月 22 日 10:30 的风速为 10.2m/s、风向为 93°等。随着集合预报技术的发展，除给出定量值外，还应给出具体概率预测值。然而，NWP 输出的气象要素多达 200 余种，时空分辨率也存在很大差异，用于风电功率预测的 NWP 需满足以下技术要求。

1) 预报要素

风速的大小直接决定了风电功率的大小，因而功率预测中最关键的气象要素是风速(Stathopoulos et al.，2013)。NWP 模式中需针对提高风速预报精度的目标进行特定优化，如调整局地物理参数化方案、改进观测数据同化方法等。此外，为提高功率预测精度，往往在风电功率预测模型中还需引入风向、温度、气压、湿度等要素。

2) 空间分辨率

目前，风电主要利用近地面风能资源，近地面风速受局地地形和地貌影响显著，同一风电场内，不同风电机组所在位置的风速差异可达到 20%以上。因而，为了保障风电功率预测精度，要求 NWP 的空间分辨率应尽量高，以提升对微尺度地形、地貌等局地效应的模拟精度。目前，应用于风电功率预测的 NWP 分辨率普遍都为几公里，部分区域模式的 NWP 空间分辨率达到了 1km×1km，甚至更高。

3) 时间分辨率

风电功率预测的目的是将风电纳入电力调度计划及参与电力市场竞争。因此，风电功率预测的时间尺度应与调度计划和电力市场的时间分辨率一致。国内的发电计划编制通常采用的时间分辨率为 15min，欧美电力市场的时间分辨率通常为 1h。风电功率预测结果的时间分辨率需与其保持一致，因此对应的 NWP 各气象要素的时间分辨率也需为 15min 或 1h。

4) 预报时长

为了满足电力调度计划制订和电力市场竞价的需求，风电功率预测的时间长度至少为 3 天，相应的 NWP 时间长度也应在 3 天以上，未来还需发展到 7 天。

第 3 章　风电功率物理预测方法

3.1　引　　言

风电功率物理预测方法是通过建立物理模型，模拟风电场风能资源分布以及风能资源到输出功率转化过程的预测方法，主要包括风电机组轮毂高度风速、风向等气象要素的精细化模拟与预测，以及风能资源转化为风电机组输出功率两部分。其中，风能资源转化为风电机组输出功率主要通过风电机组功率曲线来实现；风电机组轮毂高度风速、风向的精细化模拟与预测则通过建立描述风电场地形、地表粗糙度、风电机组尾流等风电场局地效应的物理模型，对 NWP 的风速、风向预报数据进行精细化(降尺度)处理后获得(冯双磊等，2010)。

根据风电场地形、地表粗糙度等条件，对 NWP 风速、风向数据进行精细化处理是风电场功率物理预测方法的关键，目前主要有两种方法：一种方法是采用 CFD 模型，数值求解风流场在风电场内的发展演变过程，可称为 CFD 法；另一种方法是基于试验观测和大气边界层气象理论，建立诊断模型，解析求解风电场地形变化、地表粗糙度变化等局地效应对风流场的影响，可称为解析法。CFD 法计算结果的精度取决于网格分辨率和模型参数，为了反映风电场局地效应，CFD 模型的网格分辨率需要设置在 10m×10m 级别，占地面积 $10km^2$ 的风电场对应的 CFD 模型需要设置超过 10 万个计算网格，计算量巨大；此外 CFD 模型参数繁多，不恰当的参数设置可能带来较大的模拟误差。解析法可在假设条件的基础上，解析求解诊断模型；因为建模时考虑了主要影响因素，且模型参数少、鲁棒性强，所以可满足大部分工程应用的要求；此外，解析法无须进行数值计算，因此在实际应用时对计算机性能没有特殊要求，更便于业务化。

风电功率物理预测方法需要描述风电场地形、地表粗糙度、风电机组尾流等局地效应对风速、风向的影响，涉及大量详细的物理模型，并需要将所有模型整合在一起，从而实现从气象要素预报到风电场输出功率预测的转换。物理预测方法的优点在于不需要风电场历史功率数据的支持，可根据气象要素预报结果和风电场基础信息直接开展功率预测，适用于新建和数据不完整的风电场；此外，可以对预测流程的每一个环节进行分析，并根据分析结果优化预测模型，从而使预测结果更为准确。物理预测方法的缺点在于对由初始信息所引起的系统误差非常敏感，如风电场地形及地表条件的描述偏差、风电机组功率曲线与实际不符等(冯双磊，2009)。

本章介绍基于解析法的风电功率物理预测方法建模及求解过程，重点分析风电场地形、地表粗糙度及尾流效应对风速、风向的影响并建立表征模型，其中，地形变化影响是在大气运动方程线性化的基础上应用势流理论求解后获得，粗糙度变化的影响通过诊断模型来描述，尾流效应采用 Larsen 尾流模型；最后给出了采用物理预测方法进行风电功率预测的工程实例。

3.2　地形变化对风速、风向的影响

风电场局地效应主要包括风电场地形变化、地表粗糙度变化及风电机组尾流效应，这部分内容属于非均一下垫面大气边界层的研究范畴，该领域一直是大气边界层气象学的研究重点和难点(赵鸣，2006)。本节主要分析地形变化对风速、风向的影响。

地形变化是影响风速、风向的最主要因素之一，而 NWP 不考虑计算网格内的地形起伏变化，即认为每一个计算网格只对应唯一的地形高程信息，而实际风电场往往存在明显的地形起伏。受此影响，边界层气流与湍流应力均会发生扰动，即相对于均一平坦地形出现偏差。因此，采用物理预测方法进行风电功率预测时，需建立描述风电场地形变化的物理模型，对 NWP 的风速、风向数据进行降尺度处理。

图 3-1 为中性大气对数风廓线经地形扰动后的变化情况(其中 H 为山体高度一半处的山体半宽度，H 为定值，x 为任一高度处的山体半宽度)，其物理过程可描述为：当近地面层气流由水平均一地形刚接触到山脚时，流线将以一定的迎角与山体接触，因山体表面高于上游水平下垫面，近地面气流会有一个短暂的减速过程，同时产生切应力的变化；气流开始越过山坡流向风面的中部时，流线的密集将导致边界层内的气流加速，并使得静压力降低，产生更强的速度和切应力的扰动，到山顶处静压力降到最低值，此时风速达到最大；气流越过山顶流向背风坡时，流线逐渐辐散又使气流减速，而静压力逐渐上升并恢复正常，因此背风坡区

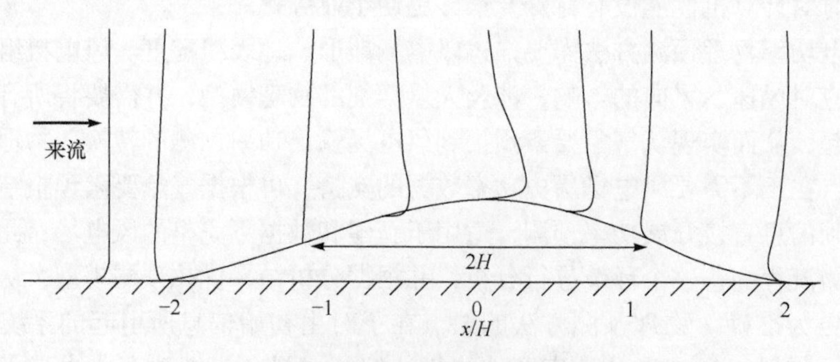

图 3-1　地形变化扰动下的风廓线变化过程

的流场常处于逆压流动的状态。如果山体坡度较大，那么背风坡将发生气流分离，形成空腔区，而空腔区内常存在较高的湍流区。

地形变化对流场的影响评价无论在理论上还是实验上都存在较大困难，本节基于势流理论分析地形变化对流场的扰动作用，采用解析求解运动方程的方法分析地形变化对流场的影响，并给出解析求解过程。

3.2.1　边界层外层流场扰动求解

地形扰动下的受扰边界层分为内层、外层与中间层三部分。边界层内层湍流应力的扰动作用显著，气流加速非常明显；外层的扰动应力较小可忽略，气流加速小于内层，且随高度增加而减少；中间层为内层到外层的过渡层。

外层为边界层的顶层，该层的扰动应力较小，可忽略。若对于小尺度问题不考虑科氏力，则外层流场主要是惯性力与气压梯度力之间的平衡，流动可看成是非黏性流，即理想流体的无旋运动，为有势运动，因此边界层外层在地形扰动下的流场变化可按照势流理论求解。

如果将地形变化看成对未受扰流场的一个小扰动，那么未受扰水平流场流经变化地形后的速度矢量 $\boldsymbol{u}$ 可表示为

$$\boldsymbol{u}=\boldsymbol{u}_0+\boldsymbol{u}'=\boldsymbol{u}_0+(u',v',w') \tag{3-1}$$

式中，$\boldsymbol{u}_0$ 为上风向未受扰水平流场；$\boldsymbol{u}'$ 为变化地形对未受扰流场的扰动，$\boldsymbol{u}'=(u',v',w')$。

根据势流理论有

$$\boldsymbol{u}'=\nabla\chi \tag{3-2}$$

式中，χ 为势函数；∇ 为哈密顿算子。

引入势函数 χ 后，就将求矢量场 $\boldsymbol{u}'$ 的问题转化为求标量场。若认为边界层内气流的运动速度、压差和温差都较小，则可将气流看成不可压缩流体，而对于不可压缩流体，势函数 χ 满足拉普拉斯方程，有

$$\nabla^2\chi=0 \tag{3-3}$$

研究目标是流场在风电机组位置的变化情况，采用柱坐标系下的拉普拉斯方程有利于方程求解。

若假定上风向未受扰流场为不随时间变化的定常流，则不存在初始条件。根据风电场特点，对于某台风电机组而言，地形变化距离风电机组越远，其对风电机组的影响也越小。假设在 $r=R_0$ 处地形变化将不再影响风电机组位置处的流场，那么应有 $\nabla\chi(r,\phi,z)|_{r=R_0}=0$，即 $\chi(r,\phi,z)|_{r=R_0}=0$，通常认为 $R_0=10\text{km}$。

由于外层为边界层顶层，外层以上风廓线应维持上风向未受扰风廓线不变，即地形变化不会对外层以上的流场产生扰动，所以有 $\nabla\chi(r,\phi,z)|_{z=L_v}=0$，

即 $\chi(r,\phi,z)|_{z=L_v}=0$，其中 L_v 为地形扰动在垂直方向上的长度尺度。

上风向未受扰水平流场的垂直速度分量由变化地形的扰动产生，因此在地形表面处，根据运动学边界条件有以下关系成立：

$$w_0(r,\phi)=\left.\frac{\partial\chi(r,\phi,z)}{\partial z}\right|_{z=0}=\boldsymbol{u}_0\cdot\nabla h(r,\phi) \tag{3-4}$$

式中，$w_0(r,\phi)$ 为水平流场的垂直分量；$h(r,\phi)$ 为地形高度函数；“·”是点积。此外，风电机组处于坐标系 $r=0$ 处，拉普拉斯方程在 $r=0$ 处有界。

综上，边界层外层在地形扰动下的流场变化可转换为求解以下定解问题：

$$\begin{cases}\nabla^2\chi(r,\phi,z)=0, \quad 0\leqslant r\leqslant R_0,\ 0\leqslant z\leqslant L_v\\ \chi(r,\phi,z)|_{r=R_0}=0\\ \chi(r,\phi,z)|_{r=0}\ \text{有界}\\ \chi(r,\phi,z)|_{z=L_v}=0\\ \left.\dfrac{\partial\chi(r,\phi,z)}{\partial z}\right|_{z=0}=\boldsymbol{u}_0\cdot\nabla h(r,\phi)\end{cases} \tag{3-5}$$

拉普拉斯方程在柱坐标下的表达式为

$$\frac{1}{r}\frac{\partial}{\partial r}\left(r\frac{\partial\chi(r,\phi,z)}{\partial r}\right)+\frac{1}{r^2}\frac{\partial^2\chi(r,\phi,z)}{\partial\phi^2}+\frac{\partial^2\chi(r,\phi,z)}{\partial z^2}=0 \tag{3-6}$$

对式(3-6)采用分离变量法求解，令 $\chi(r,\phi,z)=R(r)\varPhi(\phi)Z(z)$，可得

$$\varPhi Z\frac{\mathrm{d}^2R}{\mathrm{d}r^2}+\frac{Z\varPhi}{r}\frac{\mathrm{d}R}{\mathrm{d}r}+\frac{RZ}{r^2}\frac{\mathrm{d}^2\varPhi}{\mathrm{d}\phi^2}+R\varPhi\frac{\mathrm{d}^2Z}{\mathrm{d}z^2}=0 \tag{3-7}$$

用 $\dfrac{r^2}{R\varPhi Z}$ 遍乘式(3-7)各项，并移项可得

$$\frac{r^2}{R}\frac{\mathrm{d}^2R}{\mathrm{d}r^2}+\frac{r}{R}\frac{\mathrm{d}R}{\mathrm{d}r}+\frac{r^2}{Z}\frac{\mathrm{d}^2Z}{\mathrm{d}z^2}=-\frac{\mathrm{d}^2\varPhi}{\varPhi\mathrm{d}\phi^2} \tag{3-8}$$

式(3-8)左边是 r 与 z 的函数，与 ϕ 无关，而右边是 ϕ 的函数，与 r 、z 无关，两边要相等，只能都等于同一常数，把该常数记为 λ，则有

$$\frac{r^2}{R}\frac{\mathrm{d}^2R}{\mathrm{d}r^2}+\frac{r}{R}\frac{\mathrm{d}R}{\mathrm{d}r}+\frac{r^2}{Z}\frac{\mathrm{d}^2Z}{\mathrm{d}z^2}=-\frac{\mathrm{d}^2\varPhi}{\varPhi\mathrm{d}\phi^2}=\lambda \tag{3-9}$$

由此得到以下两个方程：

$$\varPhi''+\lambda\varPhi=0 \tag{3-10}$$

$$\frac{r^2}{R}\frac{\mathrm{d}^2R}{\mathrm{d}r^2}+\frac{r}{R}\frac{\mathrm{d}R}{\mathrm{d}r}+\frac{r^2}{Z}\frac{\mathrm{d}^2Z}{\mathrm{d}z^2}=\lambda \tag{3-11}$$

由常微分方程(3-10)与该方程隐含的周期性边界条件 $\varPhi(\phi)=\varPhi(\phi+2k\pi)$ 共同构成本征值问题：

$$\begin{cases}\varPhi''+\lambda\varPhi=0\\ \varPhi(\phi)=\varPhi(\phi+2k\pi)\end{cases} \tag{3-12}$$

则式(3-12)的本征值为 $\lambda=n^2$ ($n=1,2,\cdots$)，本征函数为

$$\varPhi(\phi)=A\cos(n\phi)+B\sin(n\phi) \tag{3-13}$$

将 $\lambda=n^2$ 代入式(3-11)，并用 $\frac{1}{r^2}$ 遍乘方程各项后移项可得

$$\frac{1}{R}\frac{\mathrm{d}^2R}{\mathrm{d}r^2}+\frac{1}{rR}\frac{\mathrm{d}R}{\mathrm{d}r}-\frac{n^2}{r^2}=-\frac{1}{Z}\frac{\mathrm{d}^2Z}{\mathrm{d}z^2} \tag{3-14}$$

式(3-14)左边为 r 的函数，与 z 无关，右边是 z 的函数，与 r 无关，同理，只有在等于同一常数时方程两边才能相等，记这一常数为 $-\mu$ ，则有

$$\frac{1}{R}\frac{\mathrm{d}^2R}{\mathrm{d}r^2}+\frac{1}{rR}\frac{\mathrm{d}R}{\mathrm{d}r}-\frac{n^2}{r^2}=-\frac{1}{Z}\frac{\mathrm{d}^2Z}{\mathrm{d}z^2}=-\mu \tag{3-15}$$

式(3-15)又可分为两个常微分方程：

$$Z''-\mu Z=0 \tag{3-16}$$

$$\frac{\mathrm{d}^2R}{\mathrm{d}r^2}+\frac{1}{r}\frac{\mathrm{d}R}{\mathrm{d}r}+\left(\mu-\frac{n^2}{r^2}\right)R=0 \tag{3-17}$$

求解式(3-16)、式(3-17)需按照 $\mu=0$ 、$\mu>0$ 与 $\mu<0$ 三种情况分别讨论：$\mu=0$ 时，$R(r)$ 是欧拉方程的解，不能满足 $\chi(r,\phi,z)|_{r=0}$ 有界与 $\chi(r,\phi,z)|_{r=R_0}=0$ 的边界条件；$\mu<0$ 时，为修正的贝塞尔函数，其没有零点，不能满足 $\chi(r,\phi,z)|_{r=R_0}=0$ 的边界条件，因此取 $\mu>0$ 。

当 $\mu>0$ 时，式(3-16)的解为

$$Z(z)=\begin{cases}\mathrm{e}^{\sqrt{\mu}z}\\ \mathrm{e}^{-\sqrt{\mu}z}\end{cases} \tag{3-18}$$

由 $\chi|_{z=h}=0$ ，可得

$$Z(z)=\sinh\left[\sqrt{\mu}(L_v-z)\right] \tag{3-19}$$

对式(3-17)进行变量代换，令 $\tau=\sqrt{\mu}r$ ，则有

$$\frac{\mathrm{d}R}{\mathrm{d}r}=\frac{\mathrm{d}R}{\mathrm{d}\tau}\frac{\mathrm{d}\tau}{\mathrm{d}r}=\sqrt{\mu}\frac{\mathrm{d}R}{\mathrm{d}\tau} \tag{3-20}$$

$$\frac{\mathrm{d}^2R}{\mathrm{d}r^2}=\frac{\mathrm{d}}{\mathrm{d}r}\left(\sqrt{\mu}\frac{\mathrm{d}R}{\mathrm{d}\tau}\right)=\frac{\mathrm{d}}{\mathrm{d}\tau}\left(\sqrt{\mu}\frac{\mathrm{d}R}{\mathrm{d}\tau}\right)\frac{\mathrm{d}\tau}{\mathrm{d}r}=\mu\frac{\mathrm{d}^2R}{\mathrm{d}\tau^2} \tag{3-21}$$

将式(3-21)代入式(3-17)，可得

$$\frac{\mathrm{d}^2R}{\mathrm{d}\tau^2}+\frac{1}{r}\frac{\mathrm{d}R}{\mathrm{d}\tau}+\left(1-\frac{n^2}{\tau^2}\right)R=0 \tag{3-22}$$

此方程为 n 阶贝塞尔方程。

由式(3-13)、式(3-19)、式(3-22)与 $\chi(r,\phi,z)=R(r)\Phi(\phi)Z(z)$，再根据线性偏微分方程的叠加原理，可得 $\chi(r,\phi,z)$ 的通解为

$$\chi(r,\phi,z)=\sum_{n=0}^{\infty}\sum_{j=1}^{\infty}\mathrm{J}_n(\alpha_j r)\left[A_{nj}\cos(n\phi)+B_{nj}\sin(n\phi)\right]\sinh\left[\alpha_j(L_j-z)\right] \tag{3-23}$$

式中，$\alpha_j=\sqrt{\mu_j}$；$\mathrm{J}_n(\alpha_j r)$ 为 n 阶贝塞尔函数。

根据式(3-23)，求解式(3-5)的定解问题需要确定系数 α_j 、A_{nj} 与 B_{nj} 。由边界条件 $\chi|_{r=R}=0$ ，可得 $\alpha_j=\frac{c_j^n}{R}$，其中 c_j^n 为贝塞尔函数 $\mathrm{J}_n(\alpha_j r)$ 的第 j 个零点，代入式(3-23)，可得

$$\chi(r,\phi,z)=\sum_{n=0}^{\infty}\sum_{j=1}^{\infty}\mathrm{J}_n\left(\frac{c_j^n}{R}r\right)\left[A_{nj}\cos(n\phi)+B_{nj}\sin(n\phi)\right]\sinh\left[\frac{c_j^n}{R}(L_j-z)\right] \tag{3-24}$$

又由 $\boldsymbol{u}'=\nabla\chi$ ，有 $\boldsymbol{u}'=\frac{\partial\chi}{\partial r}\boldsymbol{e}_r+\frac{1}{r}\frac{\partial\chi}{\partial\phi}\boldsymbol{e}_\phi$ ，其中 $\boldsymbol{e}_r$ 、$\boldsymbol{e}_\phi$ 分别为径向与方位角方向的单位向量，因为模型研究流场在水平方向上的变化，所以忽略垂直分量。根据式(3-24)，可得

$$\begin{aligned}\boldsymbol{u}'=\sum_{n=0}^{\infty}\sum_{j=1}^{\infty}\sinh\left[\frac{c_j^n}{R}(L_j-z)\right]&\left\{\frac{c_j^n}{R}\left[\mathrm{J}_{n-1}\left(\frac{c_j^n}{R}r\right)-\frac{n}{\frac{c_j^n}{R}r}\mathrm{J}_n\left(\frac{c_j^n}{R}r\right)\right]\right[A_{nj}\cos(n\phi)\\&\left.+B_{nj}\sin(n\phi)\right]\boldsymbol{e}_r+\frac{1}{r}\mathrm{J}_n\left(\frac{c_j^n}{R}r\right)\left[n(B_{nj}\cos(n\phi)-A_{nj}\sin(n\phi)\boldsymbol{e}_\phi\right]\Bigg\}\end{aligned} \tag{3-25}$$

由于研究对象为流场在风电机组位置的变化情况，坐标原点应与风电机组位

置重合，即风电机组位置处有 $r=0$。将 $r=0$ 代入式(3-25)，并由贝塞尔函数的递推公式 $\mathrm{J}_{n-1}+\mathrm{J}_{n+1}=\dfrac{2n}{x}\mathrm{J}_n$ 与渐近展开性质 $\mathrm{J}_0(0)=1$、$\mathrm{J}_n(0)=0\ (n\geqslant 1)$，可得

$$\boldsymbol{u}'_{\mathrm{WT}}=\frac{1}{2R}\sum_{j=1}^{\infty}\sinh\left[\frac{c_j^1}{R}(L_j-z)\right]c_j^1\left[(A_{1j}+B_{1j})\boldsymbol{e}_r+(B_{1j}-A_{1j})\boldsymbol{e}_\phi\right] \tag{3-26}$$

$\boldsymbol{u}'_{\mathrm{WT}}$ 即地形变化在风电机组位置处对流场的扰动。由式(3-26)确定 $\boldsymbol{u}'_{\mathrm{WT}}$，需首先确定系数 A_{1j} 与 B_{1j}。

由运动边界条件 $\left.\dfrac{\partial\chi}{\partial z}\right|_{z=0}=\boldsymbol{u}_0\cdot\nabla h(r,\phi)=\omega_0(r,\phi)$，并根据式(3-24)，可得

$$\frac{\partial\chi}{\partial z}=\sum_{n=0}^{\infty}\sum_{j=1}^{\infty}-\frac{c_j^n}{R}\mathrm{J}_n\left(\frac{c_j^n}{R}r\right)\left[A_{nj}\cos(n\phi)+B_{nj}\sin(n\phi)\right]\cosh\left[\frac{c_j^n}{R}(L_j-z)\right] \tag{3-27}$$

将 $z=0$ 代入式(3-27)，可得

$$\omega_0(r,\phi)=\sum_{n=0}^{\infty}\sum_{j=1}^{\infty}-\frac{c_j^n}{R}\mathrm{J}_n\left(\frac{c_j^n}{R}r\right)\left[A_{nj}\cos(n\phi)+B_{nj}\sin(n\phi)\right]\cosh\left(\frac{c_j^n}{R}L_j\right) \tag{3-28}$$

对式(3-28)两边同乘 $\mathrm{e}^{\mathrm{i}n\phi}$，并对 ϕ 在 $[0,2\pi]$ 上积分，由欧拉公式和三角函数系的正交性，可得

$$\int_0^{2\pi}\omega_0(r,\phi)\mathrm{e}^{\mathrm{i}n\phi}\mathrm{d}\phi=-\pi\sum_{j=1}^{\infty}\frac{c_j^n}{R}\mathrm{J}_n\left(\frac{c_j^n}{R}r\right)(A_{nj}+\mathrm{i}B_{nj})\cosh\left(\frac{c_j^n}{R}L_j\right) \tag{3-29}$$

对式(3-29)两边同乘 $r\mathrm{J}_n\left(\dfrac{c_j^n}{R}r\right)$，并对 r 在 $[0,R]$ 上积分，同时利用贝塞尔函数的正交性，可得

$$\int_0^R\int_0^{2\pi}\omega_0(r,\phi)\,\mathrm{e}^{\mathrm{i}n\phi}r\mathrm{J}_n\left(\frac{c_j^n}{R}r\right)\mathrm{d}\phi\,\mathrm{d}r=-\pi\cosh\left(\frac{c_j^n}{R}L_j\right)\frac{c_j^n}{R}(A_{nj}+\mathrm{i}B_{nj})\int_0^R r\mathrm{J}_n^2\left(\frac{c_j^n}{R}r\right)\mathrm{d}r \tag{3-30}$$

又根据 $\int_0^R r\mathrm{J}_n^2\left(\dfrac{c_j^n}{R}r\right)\mathrm{d}r=\dfrac{R^2}{2}\mathrm{J}_{n+1}^2(c_j^n)$，代入式(3-30)，可得

$$A_{nj}+\mathrm{i}B_{nj}=-\frac{\displaystyle\int_0^R\int_0^{2\pi}\omega_0(r,\phi)\,\mathrm{e}^{\mathrm{i}n\phi}r\mathrm{J}_n\left(\frac{c_j^n}{R}r\right)\mathrm{d}\phi\mathrm{d}r}{\pi\cosh\left(\dfrac{c_j^n}{R}L_j\right)\dfrac{c_j^n}{R}\dfrac{R^2}{2}\left[\mathrm{J}_{n+1}(c_j^n)\right]^2} \tag{3-31}$$

由于$\omega_0(r,\phi)=\boldsymbol{u}_0\cdot\nabla h(r,\phi)$，且$L_j=\dfrac{R}{c_j^1}$，代入式(3-31)后，可得

$$A_{nj}+\mathrm{i}B_{nj}=-\frac{\int_0^R\int_0^{2\pi}\boldsymbol{u}_0\cdot\nabla h(r,\phi)\,\mathrm{e}^{\mathrm{i}n\phi}r\mathrm{J}_n\left(\dfrac{c_j^n}{R}r\right)\mathrm{d}\phi\,\mathrm{d}r}{\pi\cosh\left(\dfrac{c_j^n}{c_j^1}\right)\dfrac{c_j^n}{R}\dfrac{R^2}{2}\left[\mathrm{J}_{n+1}(c_j^n)\right]^2}\tag{3-32}$$

当$n=1$时，有

$$A_{1j}+\mathrm{i}B_{1j}=-\frac{2\int_0^R\int_0^{2\pi}\boldsymbol{u}_0\cdot\nabla h(r,\phi)\,\mathrm{e}^{\mathrm{i}\phi}r\mathrm{J}_1\left(\dfrac{c_j^1}{R}r\right)\mathrm{d}\phi\,\mathrm{d}r}{\pi R\cosh(1)c_j^1\left[\mathrm{J}_2(c_j^1)\right]^2}\tag{3-33}$$

比较式(3-33)两边的实虚部，可确定A_{1j}与B_{1j}。

将$L_j=\dfrac{R}{c_j^1}$代入式(3-26)，可得

$$\boldsymbol{u}'_{\mathrm{WT}}=\frac{1}{2R}\sum_{j=1}^{\infty}\sinh\left(1-\frac{c_j^1}{R}z\right)c_j^1\left[(A_{1j}+B_{1j})\boldsymbol{e}_r+(B_{1j}-A_{1j})\boldsymbol{e}_\phi\right]\tag{3-34}$$

将式(3-33)计算得到的系数A_{1j}、B_{1j}代入式(3-34)，即可确定风电机组位置处地形变化对流场扰动的势流解，系数A_{1j}、B_{1j}中包含了地形变化信息$\nabla h(r,\phi)$。

3.2.2　边界层内层流场扰动求解

由前所述，因扰动应力较小，边界层外层中可忽略湍流切应力的作用，由势流理论求得外层流场在地形扰动下的变化。对于边界层内层，湍流切应力的作用占主导地位，气压梯度力相对于湍流切应力可略去不计，此时非线性惯性力与湍流切应力的散度达到局地平衡。显然，外层流场扰动对应的势流解不再适应于内层流场，需要根据内层流场特点对势流解进行修改。

求解内层流场的扰动首先必须确定内层的高度，设边界层内层高度为l_j（$l_j\ll L_j$），则有

$$l_j=0.3z_{0j}\left(\frac{L_j}{z_{0j}}\right)^{0.67}\tag{3-35}$$

式中，L_j为地形扰动在垂直方向上的长度尺度；z_{0j}为对应l_j的相对粗糙度，上风向为均一地形时有$z_{0j}=z_0$，上风向为非均一地形时有

$$z_{0j}=z_{0n}\left(\frac{z_{0(n+1)}}{z_{0n}}\right)^{w_n} \tag{3-36}$$

式中，$w_n=\exp\left(-\dfrac{x_n}{D}\right)$，$D=5L_j$，$x_n$ 为第 n 个粗糙度变化所在位置与风电机组的距离。

内层中的流场变化为非线性惯性力项与湍流切应力共同作用的结果，因此流场扰动随高度按对数风廓线变化。在 $z=l_j$ 处，流场扰动达到最大值并大于势流解，此时内层流场对于同一高度外层势流解的修正值为

$$\Delta\boldsymbol{v}_j(z)=V_0(z)\frac{V_0^2(L_j)}{V_0^2(z_j')}\nabla\chi_j \tag{3-37}$$

式中，$V_0(z)$ 为上风向未受扰风矢量在高度 z 的风速；$z_j'=\max(z,l_j)$。

由式(3-37)计算得到 $z=l_j$ 处的修正值 $\Delta\boldsymbol{v}_j(z)$ 后，因内层中的风速扰动随高度按对数风廓线变化，由对数风廓线可求得摩擦速度 u_*，再根据摩擦速度 u_*、相对粗糙度 z_{0j}，可利用对数风廓线求得内层中任意高度的扰动流场对同高度外层扰动势流解的修正值。此外，因内层高度较低，可认为内层中保持 $z=l_j$ 处的风向不变。

3.2.3　中间层流场扰动求解

由前所述，经式(3-37)修正后，$z=l_j$ 处的内层流场扰动解大于外层流场的势流解，导致边界层内风廓线不连续，为此需要在内外层之间增加一个过渡层，称为中间层。令 $l_j\leqslant z\leqslant 4l_j$，中间层内的流场扰动可按照对内层解与外层解求加权平均的方法获得，即

$$\boldsymbol{u}_{m_j}(z)=k_{\mathrm{wf}}\left[\Delta\boldsymbol{u}_{l_j}(z)+\nabla\chi_{l_j}\right]+(1-k_{\mathrm{wf}})\nabla\chi_{4l_j} \tag{3-38}$$

式中，$k_{\mathrm{wf}}=\dfrac{1}{\ln(z-l_j)}$ 为加权因子；$\Delta\boldsymbol{u}_{l_j}(z)$ 为 $z=l_j$ 处内层流场扰动修正值；$\nabla\chi_{4l_j}$ 为 $4l_j$ 处的势流解。

综上，风电机组位置处，地形变化在不同高度产生的流场扰动可按以下原则进行分析：

(1) $z>L_j$，未受扰流场，可维持上风向未受扰风廓线不变；

(2) $4l_j<z<L_j$，边界层外层，势流解适用；

(3) $l_j<z<4l_j$，边界层中间层，加权平均值适用；

(4) $z < l_j$，边界层内层，同高度势流解与修正值的和。

通常是分析风电机组轮毂高度的流场扰动，可认为z是风电机组轮毂高度。

3.2.4 模型求解方法

非均一下垫面对上风向未受扰流场的扰动一般通过增速因子来评价，增速因子定义为：相对于下垫面同一高度处，下风向受扰风速V与上风向未受扰风速V_0之差与上风向未受扰风速的比，即

$$\Delta S = \frac{V - V_0}{V_0} = \frac{V'}{V_0} \tag{3-39}$$

地形变化对上风向流场的扰动采用增速因子来表征，为便于计算，可将上风向未受扰风矢量设为单位矢量，则此时受扰流场的增速因子为

$$\Delta S = \sqrt{V_x^2 + V_y^2} - 1 \tag{3-40}$$

式中，$V_x = V_{0x} + V'_x$，$V_y = V_{0y} + V'_y$，V_{0x}、V_{0y}分别为未受扰风矢量在x、y方向上的分量，V'_x、V'_y为流场扰动解在x、y方向上的分量。

经地形变化引起扰动后的风向偏差由式(3-41)计算：

$$\theta = \arctan\left(\frac{V_{0y} + V'_y}{V_{0x} + V'_x}\right) - \arctan\left(\frac{V_{0y}}{V_{0x}}\right) \tag{3-41}$$

分析地形变化对流场的扰动时采用扇区划分的方法。将以风电机组位置为圆心、风电机组距离边界最大距离R为半径的研究区域划分为若干扇区，每个扇区内，令上风向单位风矢量的x轴沿扇区中心轴线方向，则有$\boldsymbol{V}_0(x,y) = (1,0)$，将$\boldsymbol{V}_0(x,y) = (1,0)$代入各对应方程，可求得所有扇区内相对于未受扰流场的风速增速因子和风向偏转。

由上面分析可知，地形变化模型计算出的增速因子与风向偏差均是在假设上风向为单位风矢量的前提下获得的，可认为模型计算结果独立于流场，只由地形条件决定。由此，对于给定风电场，每个风电机组轮毂高度的增速因子与风向差都是固定的，当上风向未受扰流场已知时，可根据增速因子与风向偏转值得到该流场流经变化地形后到达风电机组位置的流场情况，即获得风电机组位置处经变化地形扰动后的风速和风向。

3.3 粗糙度变化对风速、风向的影响

风电场地表粗糙度是影响风速的重要因素，物理预测方法需要详细模拟风速、

风向经地表粗糙度影响后的变化情况。粗糙度变化对气流的影响过程可描述为：在气流从一种粗糙度表面跃变到另一种粗糙度表面的过程中，新下垫面的强制作用将调整原有的风速廓线和摩擦速度。随着气流往下游发展，新下垫面的强制作用逐渐向上扩散，在新表面上空形成一个厚度逐渐加大的新边界层。最后，气流完全摆脱来流的影响，形成了适应新下垫面的边界层，在这个过程的初始和中期阶段形成的新边界层就称为动力内边界层，简称内边界层。经粗糙度变化扰动后，风廓线的特点主要表现为：当来流为中性大气时，内边界层层顶以上仍维持上游的对数风廓线的分布规律，而内边界层以内为对应新的粗糙度与摩擦速度的风廓线。整个风廓线表现为一种拼接关系。

粗糙度变化对气流的影响是一个非常复杂的过程，目前已有的理论主要建立在中性大气的基础上，主要采用实验观察总结、经验公式及相似性理论等研究方法。本节主要结合风电场占地面积广、粗糙度变化频繁等特点，介绍粗糙度变化对流场的影响，分析在变化粗糙度的扰动作用下，受扰流场相对于未受扰流场的变化情况。

3.3.1　粗糙度变化模型

假设上游未受扰来流经过两次粗糙度变化扰动后到达风电机组所在位置，如图 3-2 所示，此时风电机组所在位置的风廓线应由三部分拼接而成，分别为对应粗糙度 z_{01}、摩擦速度 u_{*1} 的 $u_1(z)$，对应粗糙度 z_{02}、摩擦速度 u_{*2} 的 $u_2(z)$ 及对应粗糙度 z_{03}、摩擦速度 u_{*3} 的 $u_3(z)$。

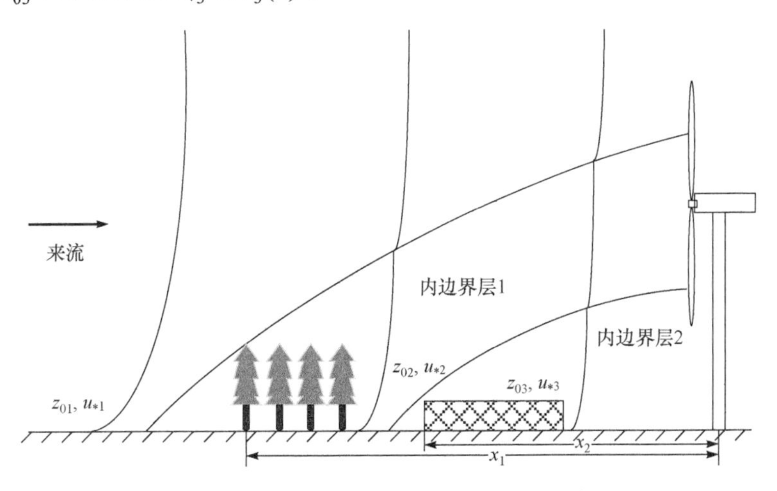

图 3-2　粗糙度变化下的内边界层发展示意图

显然，此时对应均一粗糙度的对数风廓线已不再适用。根据实验观测与仿真分析，流经变化粗糙度的下风向风廓线可描述为

$$u(z)=\begin{cases} u'\dfrac{\ln(z/z_{01})}{\ln(0.3h/z_{01})}, & z \geqslant 0.3h \\ u''+(u'-u'')\dfrac{\ln\left[z/(0.09h)\right]}{\ln(0.3/0.09)}, & 0.09h < z < 0.3h \\ u''\dfrac{\ln(z/z_{02})}{\ln(0.09h/z_{02})}, & z \leqslant 0.09h \end{cases} \tag{3-42}$$

式中，z_{02} 为研究位置(风电机组位置)粗糙度；z_{01} 为距离风电机组位置最近的上风向粗糙度；$u'=\dfrac{u_{*1}}{\kappa}\ln\left(\dfrac{0.3h}{z_{01}}\right)$；$u''=\dfrac{u_{*2}}{\kappa}\ln\left(\dfrac{0.09h}{z_{02}}\right)$，$u_{*1}$、$u_{*2}$ 分别为对应 z_{01}、z_{02} 的摩擦速度，卡门常数 κ 取 0.4；h 为内边界层高度，由式(3-43)确定：

$$\frac{h}{z_0'}\left[\ln\left(\frac{h}{z_0'}\right)-1\right]=0.9\frac{x}{z_0'} \tag{3-43}$$

这里，$z_0'=\max(z_{01},z_{02})$；x 为粗糙度变化位置与研究位置的距离。

由上，已知摩擦速度 u_{*1}、u_{*2} 与粗糙度 z_{01}、z_{02}，就可根据式(3-42)和式(3-43)得到粗糙度变化扰动下的风电机组位置不同高度的风速值。而粗糙度 z_{01}、z_{02} 一般通过评价地表情况后获得。因此，如果可以建立上游未受扰风廓线对应的摩擦速度与 u_{*1}、u_{*2} 的联系，那么就可以比较不同高度下，粗糙度变化扰动下的流场相对于未受扰流场的变化情况。

式(3-44)给出了粗糙度变化扰动下摩擦速度之间的关系：

$$\frac{u_{*(n+1)}}{u_{*n}}=\frac{\ln(h/z_{0n})}{\ln(h/z_{0(n+1)})} \tag{3-44}$$

式中，z_{0n}、$z_{0(n+1)}$ 分别为上风向粗糙度与距离最近的下风向粗糙度；u_{*n}、$u_{*(n+1)}$ 为对应 z_{0n}、$z_{0(n+1)}$ 的摩擦速度。

假定上风向未受扰风廓线对应的摩擦速度为 u_*^{assu}，可根据式(3-44)得到由 u_*^{assu} 表示的 u_{*2}、u_{*1}，再由式(3-42)、式(3-43)得到不同高度下由 u_*^{assu} 表示的风电机组位置的风速，将该风速与未受扰风速进行比较，就可表明粗糙度扰动下的流场变化。

此外，粗糙度变化位置距离研究位置越远，其影响亦越弱，若加入距离权重因子表示距离的作用，则有

$$z_{0\text{equ}}=z_{0(n+1)}\left(\frac{z_{0n}}{z_{0(n+1)}}\right)^{w_n} \tag{3-45}$$

式中，$z_{0\text{equ}}$ 为等效粗糙度；$w_n=\exp\left(-\dfrac{x_n}{D}\right)$ 为第 n 个粗糙度的距离权重因子，若

$D = 10\text{km}$，即认为 10km 外的粗糙度变化将不再对研究位置的风廓线产生影响。

3.3.2 粗糙度变化模型求解步骤

综上，采用粗糙度变化模型分析流场扰动时，可按照以下步骤进行：

(1) 由式(3-45)计算等效粗糙度 $z_{0\text{equ}}$，其中研究范围为风电机组位置到粗糙度影响边缘(假设为 10km)；

(2) 为了便于计算，假定 u_*^{assu} 为单位矢量，则可根据等效粗糙度 $z_{0\text{equ}}$ 与对数风廓线得到风电机组轮毂高度的未受扰风速；

(3) 利用式(3-44)计算摩擦速度 u_{*2}、u_{*1}，并根据式(3-43)计算内边界层高度 h；

(4) 由式(3-42)与风电机组轮毂高度确定受扰风速的表达式；

(5) 计算受扰风速，并根据式(3-39)得到增速因子。

以上给出了粗糙度变化对流场扰动的求解步骤，可见粗糙度变化模型的计算结果是与风电机组位置对应的一系列增速因子。而根据增速因子的求取过程，粗糙度变化对流场的扰动是独立于流场的，即对于给定的风电场，在其粗糙度分布不变的情况下，该风电场粗糙度的变化对流场的扰动都由与研究位置对应的唯一增速因子来确定。

此外，风电机组位置的风速往往受到不同方向粗糙度变化的影响，此时仍可按照风向扇区划分的原则，在每个扇区内采用同样的方法分析粗糙度变化的影响。粗糙度变化对风向的影响只有在经过相当长的下风向距离后，才逐渐发生变化，因此，可不考虑粗糙度变化对风向的影响。

3.4 尾流效应对风速、风向的影响

尾流是运动物体后面或物体下游的紊乱旋涡流，又称尾迹，尾迹效应主要描述尾流对流体运动形态的影响。在风电领域中，尾流除了指风流经风电机组后增加下风向湍流水平、改变叶轮承受的载荷外，更重要的在于描述风电机组从风中抽取能量后，风能得不到有效恢复，而在风电机组下风向的较长区域内风速显著降低的情况(图 3-3)，这一现象称为尾流效应(wake effect)(Alexandros et al., 2006)。

由图 3-3 可知，风以 V_1 的速度流经风电机组后，风电机组从风中捕获能量并转化为电能；按照能量守恒定律，风在离开风电机组后风速降低为 V_2，随着风向下游流动，在湍流混合作用下尾流影响范围不断扩大，而风能逐渐得到补充，下风向风速 V_2 也将恢复到上风向自由风速 V_1。

尾流效应对风速的影响与风电机组的风能转换效率、风电机组排布、风电场地形特点及风能特性等因素有关，一般来说，尾流效应带来的风电场年发电量损

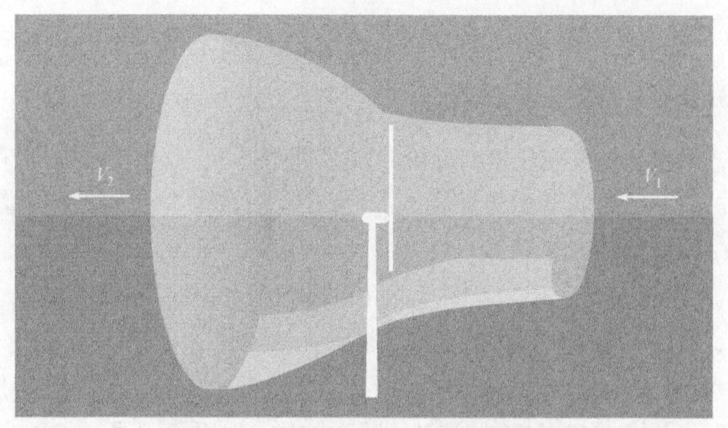

图 3-3　尾流效应影响下的风速变化图

失为 2%～20%。风电机组的风能转换效率越高，风能损失越多，下风向风速降低越显著。为了充分开发风能丰富区域的风能、增加风电场装机容量，风电机组间的距离应适当紧凑，在主导风向上，风电机组间的距离较远，一般为 6～10*D*(*D* 为叶轮直径)，而在垂直主导风向上，风电机组间的距离较近，一般为 3～5*D*。根据尾流在下风向的流动特点，尾流效应在各个方向上对风电场输出功率的影响也不尽相同。

图 3-4 为尾流效应对风电场不同风向发电量的影响。湍流混合作用有利于补充下风向风能，降低尾流效应的影响，而不同大气稳定度下的湍流作用亦有差异。不稳定层结时，湍流混合强烈利于下风向风能的恢复，尾流效应影响最小；而稳定层结时，湍流较弱，风能得不到快速恢复，导致尾流效应的影响范围较广。

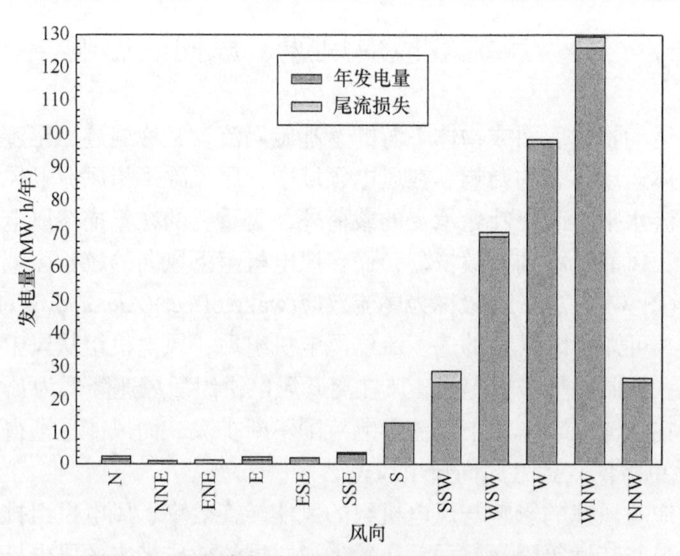

图 3-4　尾流效应对风电场不同风向发电量的影响

为了降低尾流效应对风电场发电量的影响，评估尾流效应对下风向湍流水平的作用，以及分析尾流的发展过程，国内外研究机构对尾流效应建模进行了大量的研究，大体可分为两种方法：CFD 法与解析法。解析法只能在一定的假设条件内成立，但计算所需时间少，可满足大部分工程需要；CFD 法的假设条件较少，但需要花费大量的计算时间，一般的 CFD 法都包含大量参数，导致其鲁棒性不如解析法。Larsen 模型被《欧洲风电机组标准 II》(European Wind Turbine Standards II)推荐使用，该模型计算过程相对简单，并可分析尾流效应对下风向湍流的影响，是一种适用于功率预测的尾流效应模型。

3.4.1　Larsen 尾流效应模型

Larsen 尾流效应模型基于普朗特边界层方程的渐近表达式，是一种解析模型。假定下风向不同位置的风速衰减具有相似性，并且风速只会发生中等程度的衰减，则可通过式(3-46)计算下风向 $L = x$ 处的尾流影响区域半径：

$$\begin{cases} R_{\mathrm{w}} = \left(\dfrac{35}{2\pi}\right)^{\frac{1}{5}} (3c_1^2)^{\frac{1}{5}} (C_{\mathrm{T}} A x)^{\frac{1}{3}} \\ c_1 = l(C_{\mathrm{T}} A x)^{-\frac{1}{3}} \end{cases} \tag{3-46}$$

式中，c_1 为无量纲混合长；l 为普朗特混合长；A 为风力机扫风面积；C_{T} 为风电机组推力系数。

为了避免计算普朗特混合长，在工程中常由式(3-47)来计算 c_1：

$$c_1 = \left(\frac{D}{2}\right)^{-\frac{1}{2}} (C_{\mathrm{T}} A x_0)^{-\frac{5}{6}} \tag{3-47}$$

式中，D 为叶轮直径；x_0 为近似参数，表达式为

$$x_0 = \frac{9.5D}{\left(\dfrac{2R_{9.5}}{D}\right)^3 - 1} \tag{3-48}$$

参数 $R_{9.5}$ 由式(3-49)确定：

$$\begin{cases} R_{9.5} = 0.5\left[R_{\mathrm{nb}} + \min(h, R_{\mathrm{nb}})\right] \\ R_{\mathrm{nb}} = \max\left[1.08D, 1.08D + 21.7(I_{\mathrm{a}} - 0.05)\right] \end{cases} \tag{3-49}$$

式中，I_{a} 为风电机组轮毂高度 h 处的环境湍流强度，表达式为

$$I_{\mathrm{a}} = \frac{\sigma_{\mathrm{u}}}{U_{10}} \tag{3-50}$$

这里，σ_{u} 为风速标准偏差；U_{10} 为在 10min 内的风速平均值。

当缺乏实测风数据时，环境湍流强度可由式(3-51)近似确定：

$$I_{\mathrm{a}} = \lambda\kappa\frac{1}{\ln(z/z_0)} \tag{3-51}$$

式中，参数 λ 为 1.8～2.5，一般取 1.0；卡门常数 κ 取0.4；z_0 为粗糙度。

Larsen 尾流效应模型最终的风速衰减表达式为

$$\Delta U = -\frac{U_{\mathrm{WT}}}{9}(C_{\mathrm{T}}Ax^{-2})^{\frac{1}{3}}\left[R_{\mathrm{w}}^{\frac{3}{2}}(3c_1^2C_{\mathrm{T}}Ax)^{-\frac{1}{2}} - \left(\frac{35}{2\pi}\right)^{\frac{3}{10}}(3c_1^2)^{-\frac{1}{5}}\right]^2 \tag{3-52}$$

式中，U_{WT} 为风电机组轮毂高度的平均风速。

3.4.2 尾流湍流模型

如前所述，尾流会改变下风向湍流水平，增加风电机组叶片所承受的载荷，影响风电机组的运行寿命，但湍流的混合作用又有利于下风向风能的恢复，降低尾流效应的影响。因此，尾流效应模型中需增加尾流对下风向环境湍流的影响。

Larsen 尾流效应模型采用以下经验模型表征由尾流产生的湍流强度为

$$I_{\mathrm{w}} = 0.29S^{-\frac{1}{3}}\sqrt{1-\sqrt{1-C_{\mathrm{T}}}} \tag{3-53}$$

式中，S 为由叶片直径表示的与上风向风电机组的距离；C_{T} 为推力系数。需要说明的是，该公式只适用于风电机组间距离大于两倍的叶轮直径的情况。

若认为尾流湍流是一个独立的随机变量，则可由式(3-54)计算下风向风电机组尾流区中轮毂高度处总的湍流强度为

$$I_{\mathrm{park}} = \sqrt{I_{\mathrm{ambient}}^2 + I_{\mathrm{w}}^2} \tag{3-54}$$

式中，I_{ambient} 为下风向风电机组位置处轮毂高度的未受扰环境湍流强度，对应 Larsen 尾流效应模型中的 I_{a}。

需要说明的是，如果下风向风电机组的扫风面只有部分位于上风向风电机组尾流影响区域内，如图 3-5 所示，那么可按照式(3-55)计算上风向风电机组对下风向风电机组湍流影响下的湍流强度：

$$I_{\mathrm{partial}} = \frac{A_{\mathrm{d}}}{A}I_{\mathrm{w}} \tag{3-55}$$

式中，A_{d} 为风电机组受扰面积；A 为风力机扫风面积。

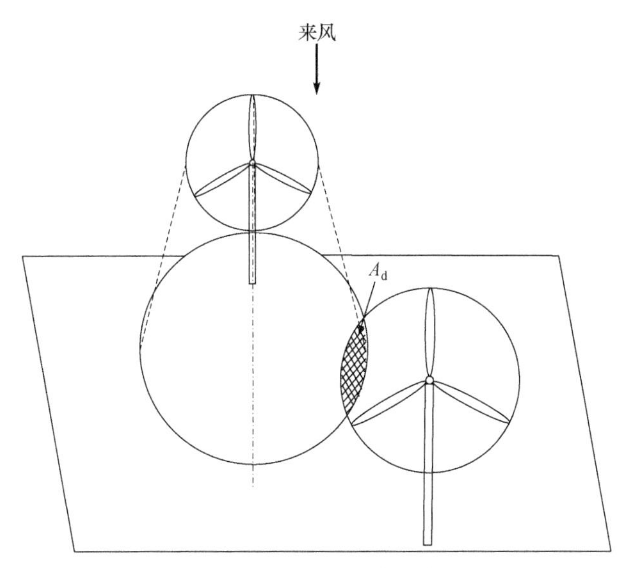

图 3-5　部分影响区域示意图

将式(3-54)的计算结果作为式(3-49)中环境湍流强度 I_a 的替代值，由此来体现尾流湍流对下风向风电机组风速衰减的作用。

3.4.3 尾流效应组合模型

尾流效应模型大多为单一模型，即只能分析单台风电机组在下风向产生的尾流效应，而对于实际风电场中某台风电机组而言，其上风向往往存在多台风电机组，如图 3-6 所示，图中的 4#风电机组承受上风向的 1#、2#及 3#风电机组尾流

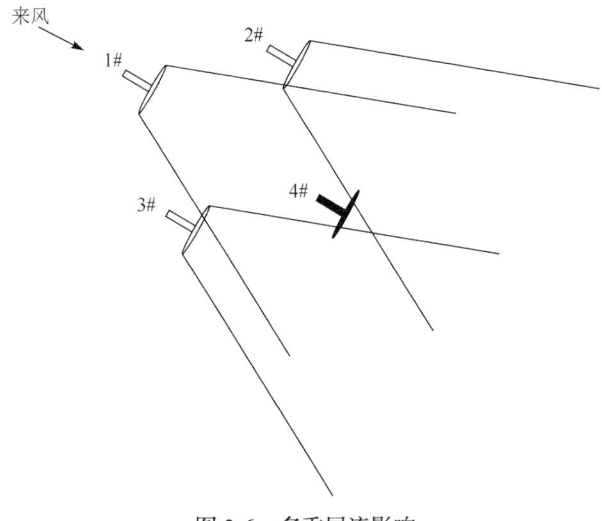

图 3-6　多重尾流影响

效应的同时作用，即受到多重尾流效应影响。因此，必须对单一尾流效应模型进行扩展，进而求得上风向多台风电机组共同作用下，下风向风电机组承受的尾流效应。

尾流效应组合有多种方法，包括平方求和法、能量平衡法、几何求和法与线性叠加法等，其中平方求和法是使用最广泛的尾流效应组合方法。平方求和法的尾流效应组合模型表达式为

$$\delta V_n = \sqrt{\sum_{k=1}^{n-1} (\delta V_{kn})^2} \tag{3-56}$$

式中，δV_{kn} 为上风向第 k 台风电机组在下风向第 n 台风电机组处的速度衰减；δV_n 为上风向所有风电机组在下风向第 n 台风电机组处的总速度衰减。

3.5 风电功率物理预测模型

3.5.1 风速、风向预测方法

3.2 节和 3.3 节分别给出了地形变化和粗糙度变化单独作用时，流场扰动的求取方法。若两者同时作用，风洞实验表明可将两者的影响进行叠加，即经粗糙度变化和地形变化同时影响后，风电机组位置的风速、风向可由上风向未受扰风矢量经地形增速因子和粗糙度增速因子两次修正后获得。本节根据 3.2 节和 3.3 节的地形变化模型和粗糙度变化模型对流场扰动的求解方法，给出采用解析法对 NWP 风速、风向进行动力降尺度的具体过程，最终实现对风电机组轮毂高度风速、风向的预测。

地形变化模型和粗糙度变化模型的输出结果均为针对研究范围边缘的上风向未受扰风速的增速因子(地形变化模型还输出相对于上风向的风向偏转)，因此应用增速因子计算风电场粗糙度变化与地形变化对流场的扰动时，首先需要确定上风向未受扰风速、风向，而为了实现对轮毂高度风速、风向的预测，又必须建立 NWP 风速、风向与参考风速、风向的联系。

根据第 2 章，反映大尺度气流变化的地转风常作为联系边界层中不同位置风速、风向的桥梁，并可由地转拖曳定律建立地转风与近地面层特征量的联系，而地转拖曳定律结合对数风廓线还可以对测风数据进行外推。以上分析为 NWP 数据的精细化(即动力降尺度)处理提供了思路。

由式(2-19)所示的地转拖曳定律可知，欲求地转风风速 G，需首先得到摩擦速度 u_*。NWP 模式中，下垫面的每一个计算网格对应唯一的粗糙度与地形高程信息，即认为计算网格的下垫面为均一下垫面。若认为大气层结为中性，则风速

随高度的变化满足对数风廓线：

$$u = u_* \frac{1}{\kappa} \ln\left(\frac{z}{z_0}\right) \tag{3-57}$$

对 NWP 的风速应用对数风廓线可求得摩擦速度 u_*，其中粗糙度 z_0 为 NWP 计算网格的粗糙度。将摩擦速度 u_* 和粗糙度 z_0 代入式(2-18)，得到由 NWP 风速确定的地转风风速。

根据地转风风速 G 和摩擦速度 u_*，可由式(3-58)得到 NWP 风向与近地面层风向的夹角 α，再由 NWP 风向和夹角 α 可确定地转风风向：

$$\sin\alpha = -\frac{Bu_*}{\kappa|G|} \tag{3-58}$$

这样就由 NWP 风速、风向数据计算得到了地转风的风速和风向。若认为地转风在大尺度范围内维持不变，则可认为风电场上空的自由大气也对应相同的地转风，可向下应用地转拖曳定律。根据式(2-19)，现已知地转风风速 G，若能确定参考风速对应的粗糙度 z_0，则可得到摩擦速度 u_*，并由对数风廓线得到风电机组轮毂高度的风速参考值。根据 3.3.1 节所述，为了描述粗糙度对研究位置流场的影响随距离增加而不断衰减的特点，参考位置的粗糙度应为由式(3-45)计算出的等效粗糙度 $z_{0\text{equ}}$，而 $z_{0\text{equ}}$ 在地表粗糙度分布一定的情况下，经粗糙度变化模型计算后为已知量，可直接用于式(2-19)，求取摩擦速度 u_*。得到 u_* 后，再将 u_* 和 $z_{0\text{equ}}$ 应用于对数风廓线，最终确定风电机组位置轮毂高度对应的参考风速。

参考风向计算时，可由地转风风向应用式(3-58)，其中摩擦速度 u_* 对应等效粗糙度 $z_{0\text{equ}}$。由于对数风廓线无法分析风向随高度的变化，可将参考风向直接作为轮毂高度的参考风向。

以上就由 NWP 风速、风向数据经地转拖曳定律和对数风廓线获得了风电机组轮毂高度的参考风速、风向，将参考风速应用于地形变化模型和粗糙度变化模型计算得到的增速因子，即可得到风电机组轮毂高度的预测风速，而风向预测结果可由地形变化模型计算的风向偏转值与参考风向叠加后获得。

图 3-7 和图 3-8 分别为风电机组轮毂高度风速、风向预测的示意图和计算框图。

3.5.2　风电场物理预测模型

风电功率预测主要关注风电场的输出功率，因此在获得单台风电机组轮毂高度的风速、风向预测值后，还需要考虑风电场内各台风电机组间的尾流效应对风速、风向的影响。

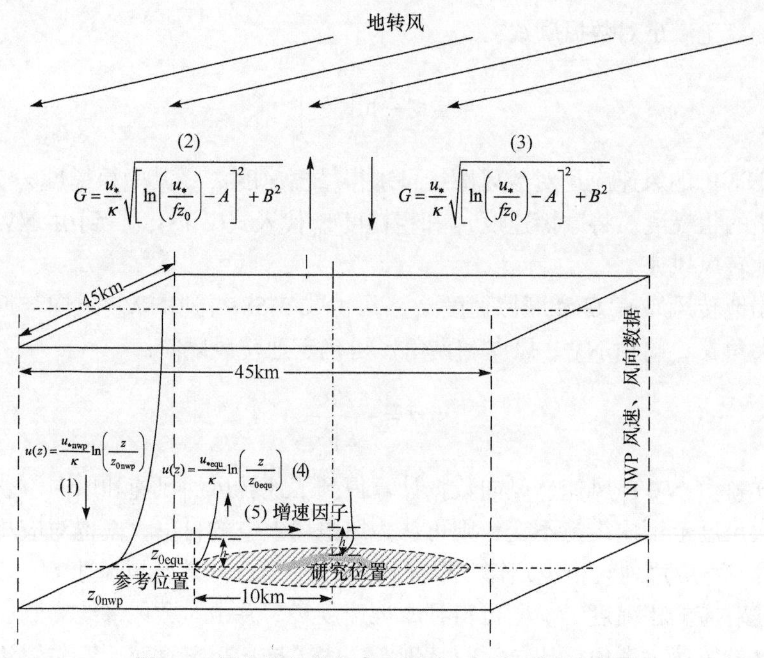

图 3-7　风电机组轮毂高度风速、风向预测示意图

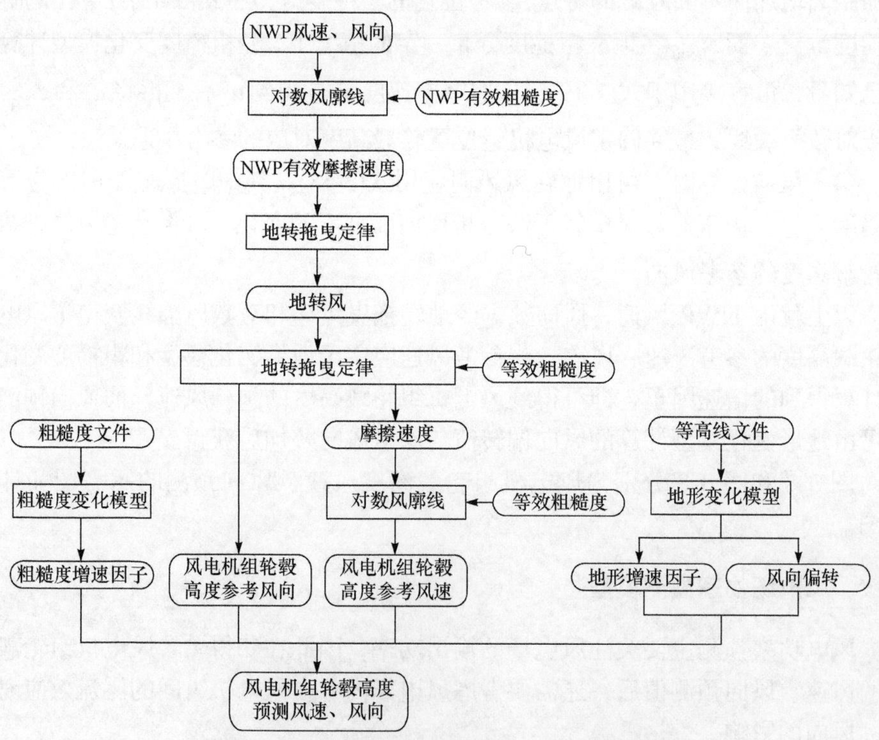

图 3-8　风电机组轮毂高度风速、风向预测框图

对于风电场中的某台风电机组而言，如图 3-6 中的 2#风电机组，该风电机组在承受 1#风电机组尾流效应影响的同时，其产生的尾流效应又会影响到 4#风电机组，因此在分析 2#风电机组的下风向风速衰减时，不能将预测风速直接应用于式(3-52)，而应首先考虑在 1#风电机组的尾流影响下，2#风电机组的风速衰减，再将衰减后的风速应用于式(3-52)，求得 2#风电机组尾流效应对 4#风电机组风速衰减的贡献。

综上，在功率预测中分析尾流效应时，对于某一预测时刻，首先应用风速、风向预测模型求得每台风电机组的预测风速、风向值，根据风向预测结果从迎风的第一台风电机组开始，应用尾流模型计算该风电机组的尾流效应在下风向所有风电机组位置产生的风速衰减；然后，沿着风向找到下一台风电机组，并应用尾流效应模型计算该风电机组在下风向风电机组位置处的风速衰减，而与该风电机组对应的预测风速在应用于式(3-52)时，已考虑了上风向风电机组的尾流影响；逐次向下计算，直至最后一台风电机组。

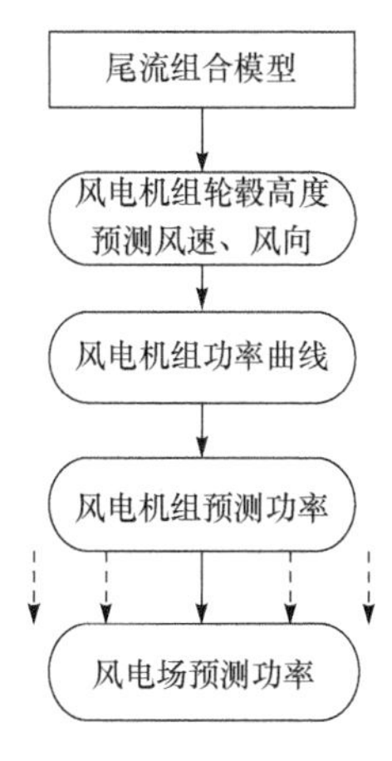

图 3-9　风电场输出功率物理预测框图

这样就完成了某预测时刻，风电场内所有风电机组考虑尾流效应影响后的风速求取过程，将该风速应用于风电机组的功率曲线，即得到每台风电机组的预测功率，对所有风电机组的预测功率求和，最终获得整个风电场的预测功率。图 3-9 为风电场输出功率物理预测框图。

3.6　实 例 分 析

3.6.1　风速、风向预测实例

本节根据某测风塔实测风速、风向数据，给出地形变化模型、粗糙度变化模型及风速、风向预测方法的计算实例。计算结果采用均方根误差、平均绝对误差作为评价指标，并绘制误差频率分布直方图。

1. 风电场描述

风电场所处区域为典型的熔岩台地地形，测风塔周边地形概况如图 3-10 所示。地表植被主要以茂密杂草为主，草长可达 40cm，测风塔以南约 1.5km 处为国营林场，树高 15～18m，树林孔隙率低；测风塔以北约 8km 处存在高度为 6～8m 的松树林，树林孔隙率低。测风塔所在位置海拔 1805m，测风高度为 70m、50m、40m、25m 与 10m，风向高度为 70m、10m，采样频率为 1Hz，输出 10min 内风速的平均值、标准偏差及最大值。

本实例采用的测风时段为：2016 年 11 月 1 日～11 月 30 日，共一个月风速、风向实测数据，NWP 数据也为 2016 年 11 月 1 日～11 月 30 日，包括 170m、100m、30m 及 10m 的风速、风向数据。

图 3-10　测风塔周边地形

2. 实例验证

目前主流风电机组轮毂高度一般为 70m 以上，因此采用测风塔 70m 实测风速、风向数据作为验证数据。为了找出预测精度最高的 NWP 数据，分别将不同层高的 NWP 数据作为输入数据，比较预测结果。

将测风塔所处区域的地形文件和粗糙度文件输入地形变化模型和粗糙度变化模型，模型计算结果如表 3-1 所示。

表 3-1　模型计算结果

风向扇区	方向角/(°)	地形增速因子/%	地形风向偏转/(°)	粗糙度增速因子/%
1	0	6.04	−1.7	0
2	30	4.08	−0.1	0
3	60	5.61	1.5	0
4	90	9.00	1.6	0
5	120	10.86	0.1	0

续表

风向扇区	方向角/(°)	地形增速因子/%	地形风向偏转/(°)	粗糙度增速因子/%
6	150	9.43	−1.5	0
7	180	6.24	−1.8	−3.25
8	210	4.41	−0.1	−4.02
9	240	6.11	1.6	−0.21
10	270	9.02	1.6	0
11	300	10.86	0.1	0
12	330	9.42	−1.5	0.44

分别采用 10m、30m、100m 及 170m 高度 NWP 风速作为 3.5 节所描述风速、风向预测方法的输入数据，计算得到的测风塔 70m 预测风速时序图如图 3-11～图 3-14 所示，图中的 3 条曲线分别是原始 NWP 风速(此 NWP 风速为经对数风廓线推算得到的 70m 风速)、实测风速和模型计算风速。

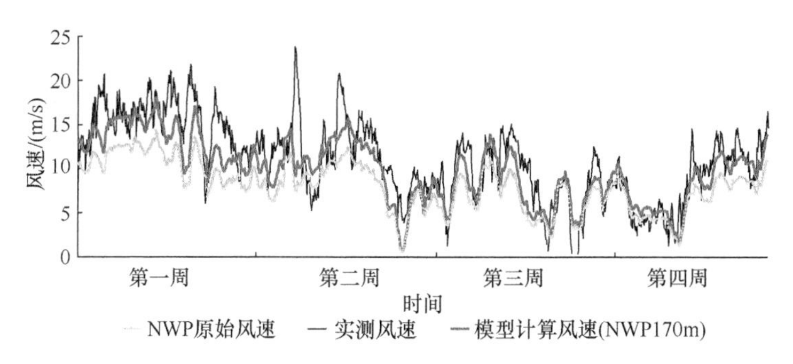

图 3-11 以 170m 高度 NWP 风速作为输入数据的预测结果

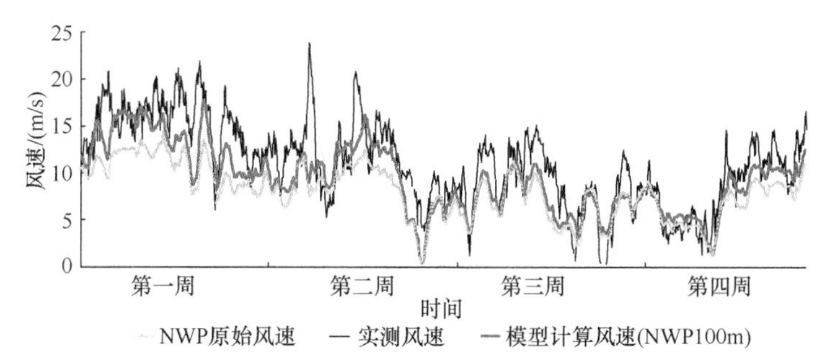

图 3-12 以 100m 高度 NWP 风速作为输入数据的预测结果

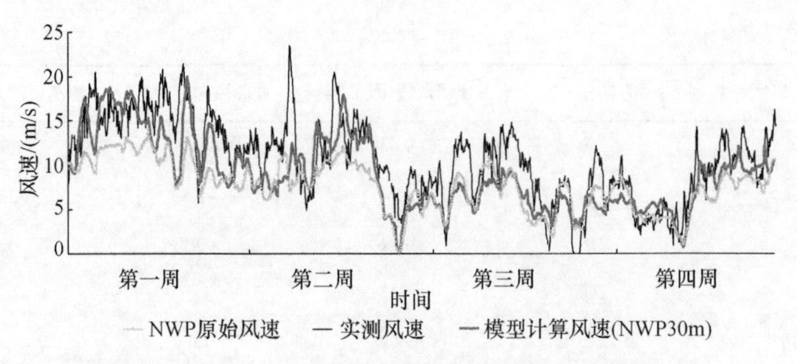

图 3-13 以 30m 高度 NWP 风速作为输入数据的预测结果

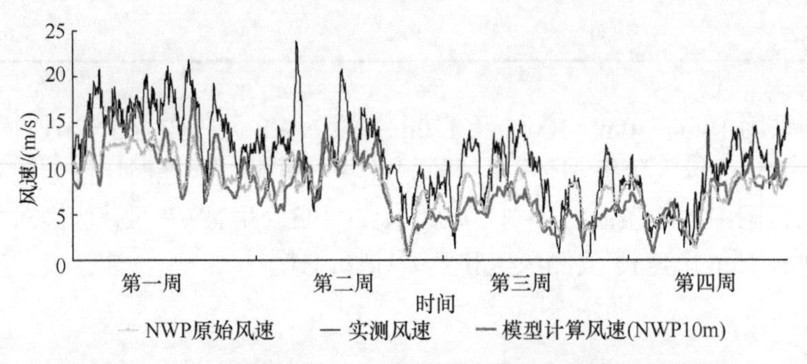

图 3-14 以 10m 高度 NWP 风速作为输入数据的预测结果

表 3-2 给出了不同高度 NWP 风速作为输入数据，计算得到的测风塔 70m 高度的风速与测风塔 70m 高度实测风速的误差指标统计结果。图 3-15 为风速预测误差频率分布直方图。

表 3-2 风速预测误差评价指标

误差指标	平均绝对误差/(m/s)	均方根误差/(m/s)	标幺化平均绝对误差/%	标幺化均方根误差/%
170m 高度 NWP 风速预测误差	2.21	2.88	14.71	19.22
100m 高度 NWP 风速预测误差	2.45	3.12	16.33	20.82
30m 高度 NWP 风速预测误差	2.77	3.41	18.53	22.71
10m 高度 NWP 风速	3.59	4.37	23.93	29.11
原始 NWP 风速预测误差	3.39	4.18	22.61	27.94

经预测方法精细化修正后，NWP 风速数据在测风塔 70m 高度的平均绝对误差从 3.39m/s 降低到 2.21m/s(170m 高度 NWP 风速数据计算结果)，而均方根误差

从 4.18m/s 降低到 2.88m/s，改善效果分别达到了 34.8%与 31.1%。可见，原始 NWP 风速数据受数值预报模型、计算网格分辨率等多种因素的影响，预测误差较大，不能作为风电机组轮毂高度风速、风向的预测值直接用于功率预测。

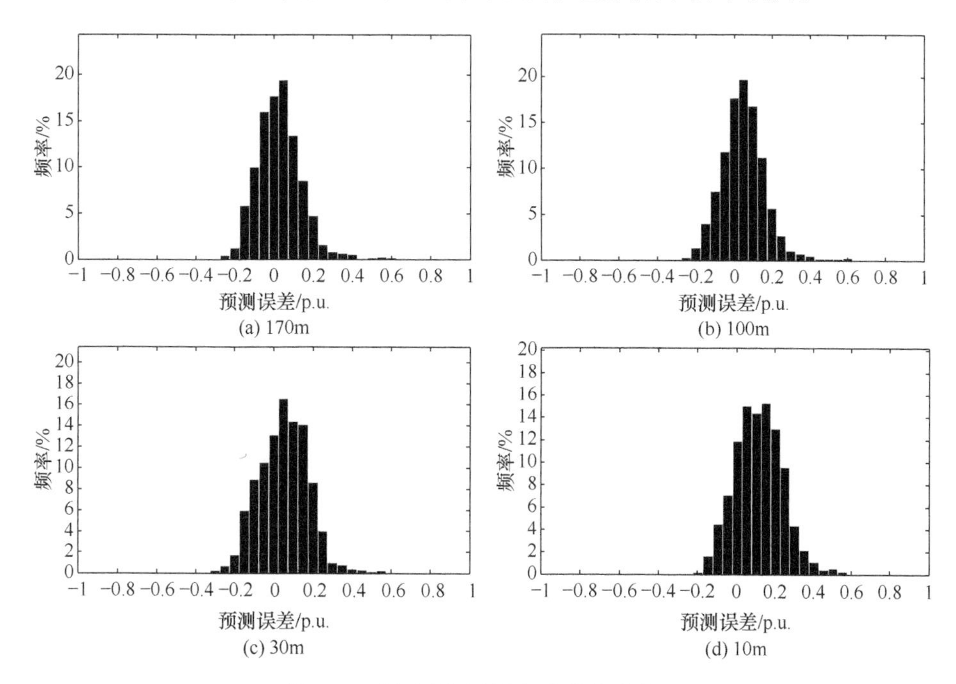

图 3-15　风速预测误差频率分布直方图

相对于风速，风向的偏转需要大尺度地形变化的作用，风电场局地效应对于风向的影响相对较小，由表 3-1 可知各扇区的风向偏转均小于 2°。由于地形增速因子和粗糙度增速均按照不同扇区给出，风向预测精度主要根据预测风向和实测风向在不同方向上的概率分布(风向玫瑰图)来评价。

由风速预测结果可知，NWP 给出的 170m 高度风速数据具有最高的预测精度，因此这里只对 170m 高度 NWP 风向数据进行精细化处理。图 3-16 为测风塔实测风向与经预测方法精细化修正后的预测风向的玫瑰图对比。

为了更加直观地评价风向预测精度，这里也给出预测风向、实测风向时序图，如图 3-17 所示。

由图 3-16 与图 3-17 可知，预测风向和实测风向具有近乎相同的风向玫瑰图，其主导风向均为西北西，且概率超过 40%；而时序图显示，风向预测数据与实测数据一致性较好，且精度也优于风速预测，表明风向的改变需大尺度地形变化的影响，NWP 风向数据的预测准确性较高。

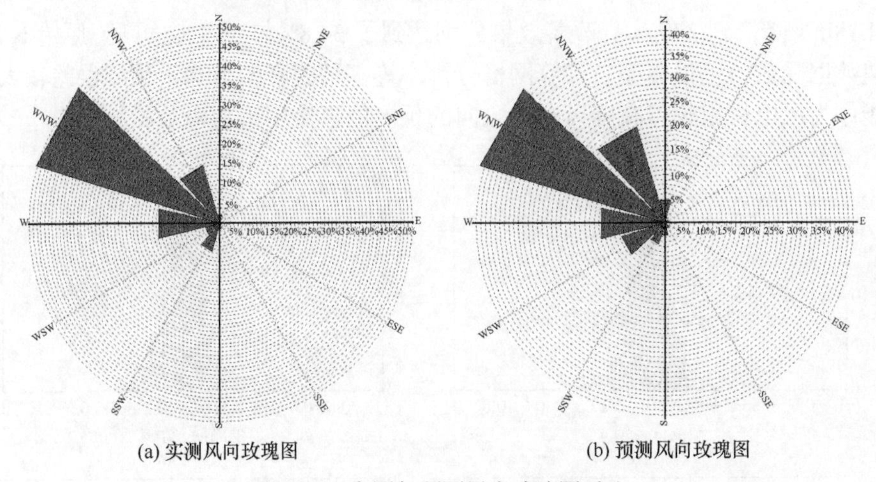

图 3-16　实测与预测风向玫瑰图对比

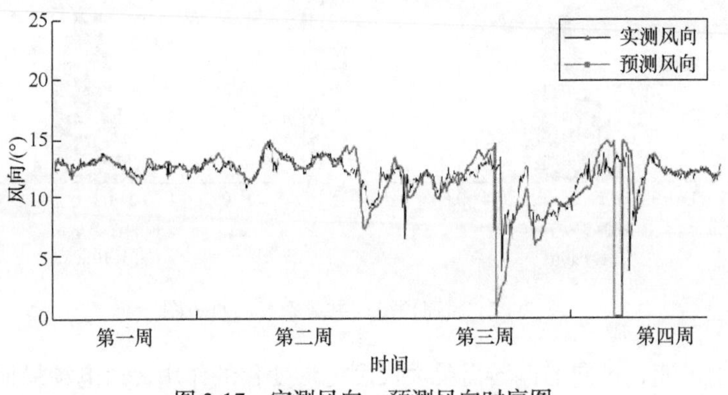

图 3-17　实测风向、预测风向时序图

3.6.2　风电场物理预测模型实例

本节在地形变化模型和粗糙度变化模型的基础上引入尾流效应组合模型，给出风电场输出功率物理预测模型的计算实例。

1. 场站描述与计算条件

风电场所在区域地势平坦，西北稍高，东南略低，自然坡度约为 0.1°，海拔为 140～190m，风电场内高度落差小于 10m。地表植被覆盖率低，主要为沙化耕地和盐碱地，风电场西南 1.5～10km 区域存在大量块状分布农田，主要种植玉米和向日葵等高秆作物。风电场装机容量为 49.3MW，风电机组额定容量为 850kW，轮毂高度为 65m，叶轮直径为 58m，风电机组排布如图 3-18 所示，风电机组功率曲线和推力曲线如图 3-19 所示。本实例采用的预测时间段为 2017 年 1 月 1 日～

12 月 31 日。

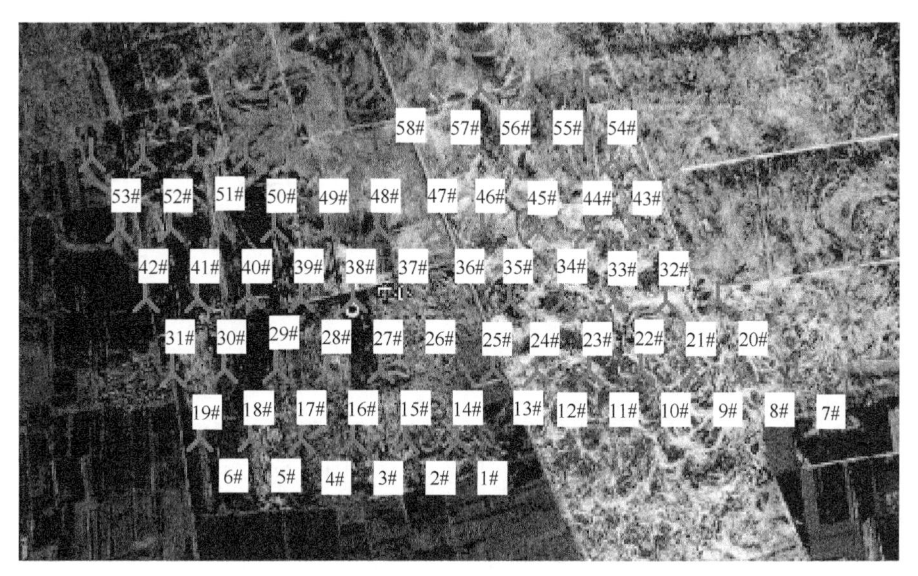

图 3-18　风电机组排布

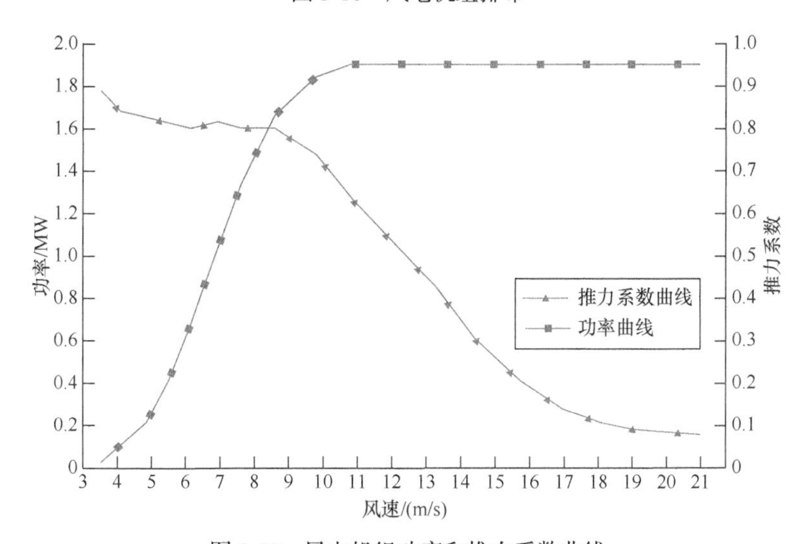

图 3-19　风电机组功率和推力系数曲线

2. 实例验证

1) 尾流效应模型验证

为了分析尾流效应模型的作用，并检验尾流模型与 3.5.1 节预测方法的有效结合，图 3-20 给出了风电场中 25#风电机组在预测风速为 8.5m/s 时各风向下的风速衰减。

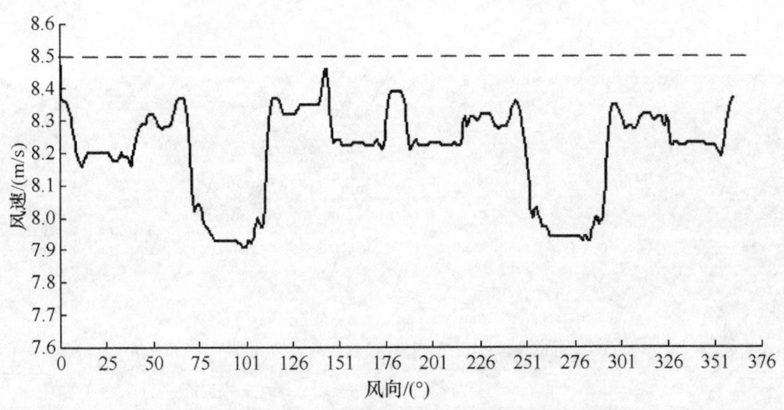

图 3-20 25#风电机组风速为 8.5m/s 时的风速衰减

根据图 3-18 的风电机组排布方案，25#风电机组距离 24#和 26#风电机组距离最近，为 6*D*(*D* 为风力机叶轮直径)，对应的方向分别为 90° 和 270° (以正北为 0°)，而图 3-20 显示，25#风电机组在 90° 和 270° 方向上的风速衰减最为严重；25#在正南北方向上的遮挡最少，由图 3-20 可知该风向上的风速衰减也最小。以上分析表明，尾流模型计算结果基本符合风电场实际尾流效应影响的特点。

2) 物理预测模型验证

为了分析物理预测模型对风电场不同出力状态的预测能力，分别对风电场输出功率在短时间内大范围波动、短时间内从满发降低到不发，以及从不发增大到满发这三种出力变化状态进行预测，以上出力状态对应风电场功率波动对电力平衡有较大冲击。

采用图 3-9 所示的物理预测框图，对实例风电场的输出功率进行预测。图 3-21～图 3-23 给出了三种运行状态下，未来两天内、逐 15min 的输出功率预测值与实测值的比较。

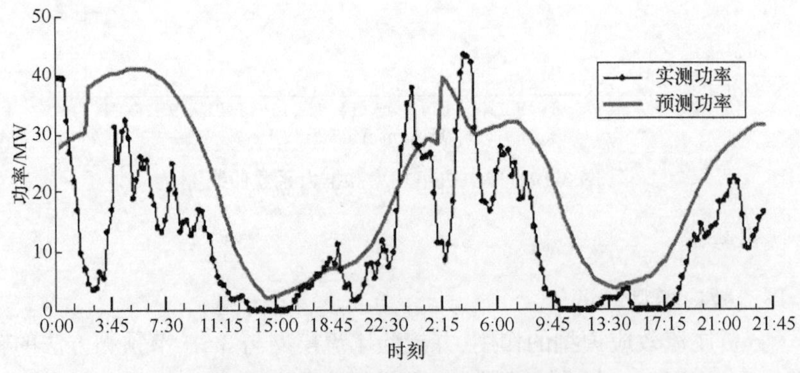

图 3-21 输出功率大范围波动预测结果

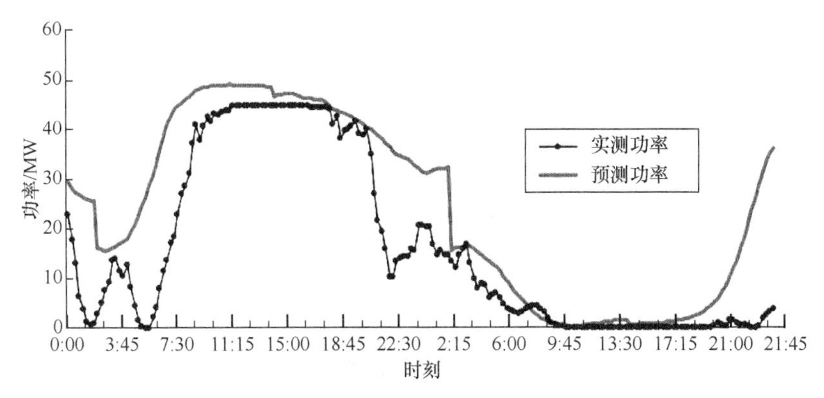

图 3-22　输出功率从满发到不发的预测结果

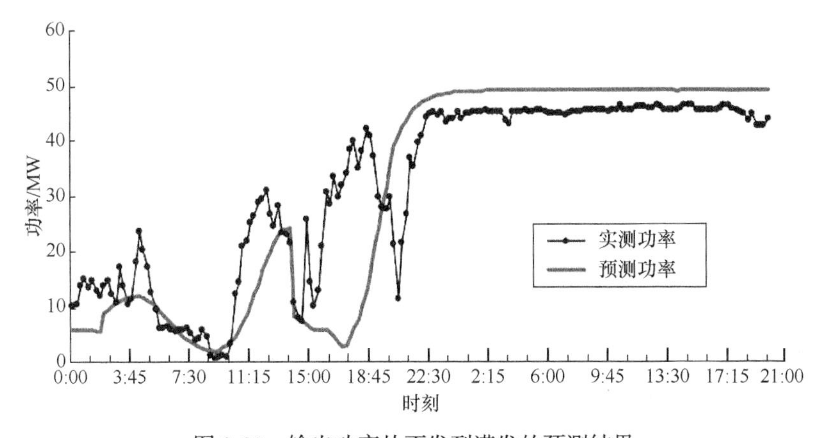

图 3-23　输出功率从不发到满发的预测结果

由图 3-21～图 3-23 可知，物理预测模型可以对风电场不同出力状态进行较为准确的预测。同时，由于小尺度湍流时变特性难以准确模拟以及 NWP 模式网格分辨率的制约，本节所述物理预测方法在风速快速变化时的预测误差较大。

为了评价预测方法整体预测效果，表 3-3 给出了该风电场 2017 年 1 月 1 日～12 月 31 日的预测误差统计，其中，均方根误差和平均绝对误差的百分比均对应风电场开机容量。图 3-24 为预测误差频率分布直方图。

表 3-3　风电功率预测误差评价指标

误差指标	平均绝对误差/MW	均方根误差/MW	标幺化平均绝对误差/%	标幺化均方根误差/%
计算结果	8.79	12.54	17.8	25.4

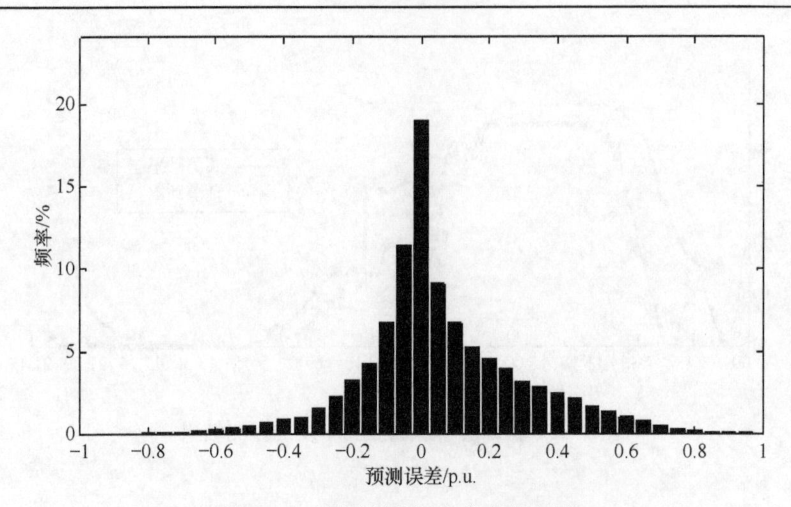

图 3-24　预测误差频率分布直方图

由表 3-3 及图 3-24 可知，预测均方根误差和平均绝对误差分别为 25.4%和 17.8%，预测误差为零的概率接近 20%，而预测误差大于装机容量 40%的概率较小，约为 10%。

第 4 章　风电功率统计预测方法

4.1　引　　言

风电功率统计预测方法是一种数据驱动的方法，它不描述风速变化的物理过程，而是通过一种或多种算法建立历史数据中各种解释变量(如 NWP 数据)与被解释变量(风电场输出功率数据)之间的映射关系，即预测模型，再利用预测模型，以 NWP、实测功率或实测风速等信息作为输入，对风电场未来的输出功率进行预测。统计预测方法的优点在于：在数据完备的情况下，通过合理调整输入数据、算法及参数，理论上可以使预测误差达到最小值，预测精度较高(范高锋等，2008)。通过防止过拟合的模型设计，如参数正则化、模型复杂度简化等，可以使统计预测方法的模型具备良好的泛化能力，即对于非训练集数据也能给出良好的输出结果。为了得到准确的预测结果，统计预测方法需要统计学习大量历史数据，并且要求历史数据的变化规律与未来预测场景的变化规律有较高的一致性。

应用于风电功率预测中的统计方法很多，有传统的线性或非线性回归、时间序列模型，以及近年来人工智能领域中迅速兴起的机器学习方法，如人工神经网络、支持向量回归等。随着风电相关数据日益丰富多样，能够有效学习复杂高维输入特征的深度学习方法已成为风电功率统计预测方法的研究热点。预测方法多种多样，预测效果也各有优劣，对不同预测结果按照特定策略进行组合预测往往能够进一步提升预测效果，是目前工程上常用的预测结果优化方法。

本章主要介绍风电功率统计预测方法的时间序列模型、BP 神经网络模型、径向基函数神经网络模型和支持向量机模型，并给出各模型的实例分析，最后对工程中常用的组合预测方法进行介绍。

4.2　时间序列模型

风电功率序列是按照时间顺序排列，随时间变化且相互关联的一种时间序列。对风电功率序列进行变化趋势分析并通过曲线拟合和参数估计等方法进行预测建模所得到的就是风电功率的时间序列模型。时间序列模型最大的优点在于通常仅根据目标时间序列本身所具有的时序性和自相关性进行预测。众多研究表明，时长超过 4h 的预测场景，风电功率序列的自相关性显著下降，仅挖掘邻近的历史功率序列的特性难以得到理想预测效果，需要输入 NWP 数据。因此，时间序列模型主要应用于预测时长不超过 4h 的超短期应用中，而短期风电功率预测应用较为少见。

时间序列模型主要包括稳定模型和非稳定模型。常用的稳定模型有自回归(auto regressive，AR)模型、滑动平均(moving average，MA)模型、自回归滑动平均(auto regressive moving average，ARMA)模型几种。非稳定模型有自回归整合滑动平均(auto regressive integrated moving average，ARIMA)模型等。

设$\{x_t, t=0,\pm1,\pm2,\cdots\}$为时间序列，$\{\varepsilon_t, t=0,\pm1,\pm2,\cdots\}$为白噪声序列，且满足条件$\forall s<t, E(\varepsilon_s\varepsilon_t)=0$，则满足式(4-1)的时间序列$\{x_t, t=0,\pm1,\pm2,\cdots\}$为 p 阶自回归和 q 阶自回归滑动平均混合模型，简记为 ARMA(p,q)。其中，E 表示计算期望，x_t 是真实值，$\alpha_i(i=1,2,\cdots,p)$、$\beta_i(i=1,2,\cdots,q)$是模型参数，σ 是常数，ε 是随机扰动，p、q 是模型的阶数。

$$x_t=\alpha_1 x_{t-1}+\alpha_2 x_{t-2}+\cdots+\alpha_p x_{t-p}+\sigma+\varepsilon_t-\beta_1\varepsilon_{t-1}-\beta_2\varepsilon_{t-2}-\cdots-\beta_q\varepsilon_{t-q} \tag{4-1}$$

当 q=0 时，ARMA(p,q)模型转化为 AR(p)模型：

$$x_t=\alpha_1 x_{t-1}+\alpha_2 x_{t-2}+\cdots+\alpha_p x_{t-p}+\sigma \tag{4-2}$$

当 p=0 时，ARMA(p,q)模型转化为 MA(q)模型：

$$x_t=\sigma+\varepsilon_t-\beta_1\varepsilon_{t-1}-\beta_2\varepsilon_{t-2}-\cdots-\beta_q\varepsilon_{t-q} \tag{4-3}$$

平稳序列可以直接采用 AR 模型、MA 模型、ARMA 模型。

如果序列是非平稳的，就需要引入 ARIMA 模型。给定序列$\{x_t, t=0,\pm1,\pm2,\cdots\}$，其一阶差分为$\Delta x_t=x_{t+1}-x_t$，二阶差分$\Delta^2 x_t$为一阶差分$\Delta x_t$的差分，以此类推，$d$ 阶差分表示为$\Delta^d x_t=\Delta\left(\Delta^{d-1}x_t\right)$。ARIMA($p,d,q$)模型表示为

$$\Delta^d x_t=\alpha_1\Delta^d x_{t-1}+\alpha_2\Delta^d x_{t-2}+\cdots+\alpha_p\Delta^d x_{t-p}+\sigma+\varepsilon_t-\beta_1\varepsilon_{t-1}-\beta_2\varepsilon_{t-2}-\cdots-\beta_q\varepsilon_{t-q} \tag{4-4}$$

ARIMA 模型通过差分过程将非平稳序列$\{x_t\}$转化为平稳序列$\left\{\Delta^d x_t\right\}$，式(4-4)可看成$\left\{\Delta^d x_t\right\}$的 ARMA 模型，此时再估计 ARMA 模型参数。特殊地，d=0 的 ARIMA 模型就是 ARMA 模型。在进行预测时，对 ARIMA 模型的预测结果依次反差分即可得到预测$\{x_t\}$的预测结果。

下面结合风电功率实例介绍 ARIMA(p,d,q)模型的建模流程。

1) 判断序列平稳性

图 4-1 是风电功率序列的 300 个数据(每 15min 一个数据点)，记为$\{x_t\}$，功率为标幺值，单位表示为 p.u.。求得$\{x_t\}$对应的前 20 个自相关系数如图 4-2 所示，图中 k 是自相关系数的个数。由图 4-2 可以看出，自相关系数不能快速衰减为零，

可初步推断原始功率序列非平稳。对序列采用游轮检验法检验平稳性，得出的结果与通过分析其自相关系数得出的结论一致，即序列$\{x_t\}$非平稳。

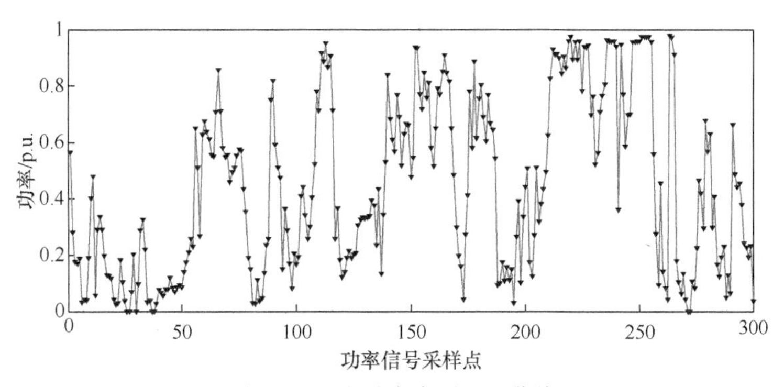

图 4-1　风电功率序列$\{x_t\}$曲线

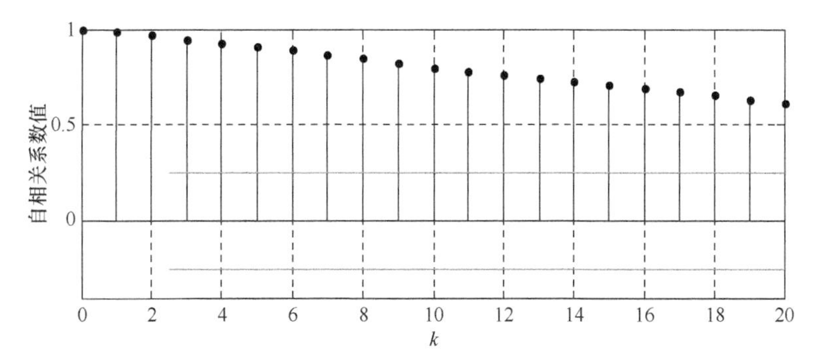

图 4-2　风电功率序列$\{x_t\}$对应的前 20 个自相关系数

2) 将非平稳序列通过差分转换为平稳序列

对$\{x_t\}$进行差分处理，1 阶差分后得到序列$\{\Delta x_t\}$，如图 4-3 所示。图 4-4 是序列$\{\Delta x_t\}$对应的前 20 个自相关系数。图 4-5 是序列$\{\Delta x_t\}$对应的前 20 个偏相关系数。

自相关系数测量了x_t与x_{t-k}之间的相关性，其中时间间隔k=0,1,2,⋯。给定序列的样本数N，则时间间隔为k的自相关系数c_k计算如下：

$$c_k = \frac{1}{N}\sum_{t=k+1}^{N}\left(x_t - \overline{x}\right)\left(x_{t-k} - \overline{x}\right) \tag{4-5}$$

偏相关系数测量了x_t与x_{t-k}之间排除了$x_{t-k+1},\cdots,x_{t-1}$线性影响的相关性。给定阶数分别为 1,2,⋯,k 的 AR 模型：

$$\begin{aligned} x_t &= \alpha_{11}x_{t-1} + \sigma \\ x_t &= \alpha_{21}x_{t-1} + \alpha_{22}x_{t-2} + \sigma \\ &\vdots \\ x_t &= \alpha_{k1}x_{t-1} + \alpha_{k2}x_{t-2} + \cdots + \alpha_{kk}x_{t-k} + \sigma \end{aligned} \tag{4-6}$$

时间间隔为 k 的偏相关系数 p_k 等于 AR 模型(4-6)中的 α_{kk}，因为 α_{kk} 恰好表示 x_t 与 x_{t-k} 之间排除了 $x_{t-k+1},\cdots,x_{t-1}$ 线性影响的相关性，即

$$x_t-\alpha_{k1}x_{t-1}-\alpha_{k2}x_{t-2}-\cdots-\alpha_{k(k-1)}x_{t-k+1}=\alpha_{kk}x_{t-k}+\sigma \tag{4-7}$$

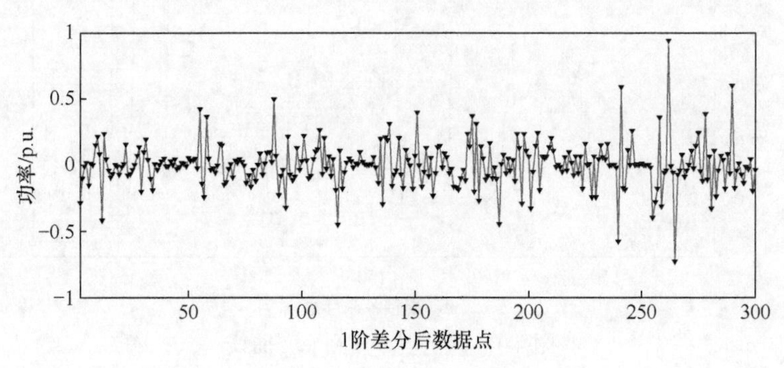

图 4-3　序列 $\{\Delta x_t\}$ 曲线

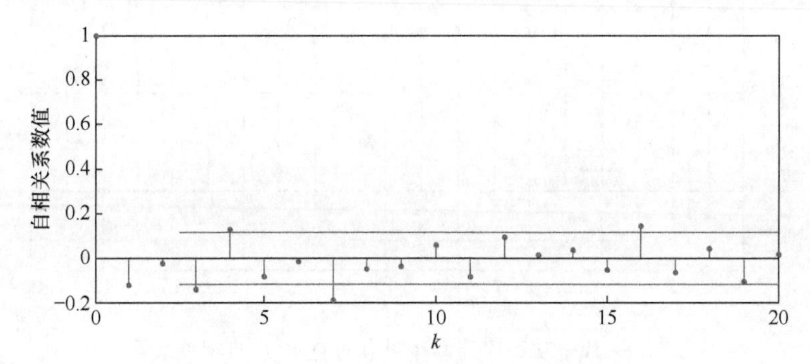

图 4-4　序列 $\{\Delta x_t\}$ 对应的前 20 个自相关系数

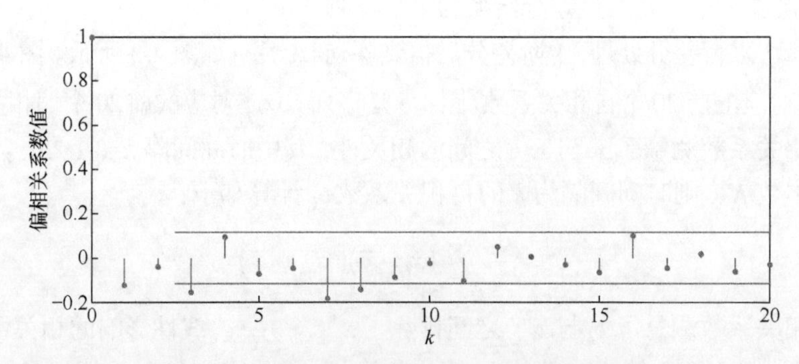

图 4-5　序列 $\{\Delta x_t\}$ 对应的前 20 个偏相关系数

由图 4-3～图 4-5 可以看出序列 $\{\Delta x_t\}$ 表现出良好的序列平稳性，因此 ARIMA(p,d,q)模型的参数 d 确定为 1。

3) ARMA(p,q)模型的 p、q 定阶及参数估计

ARMA(p,q)模型的 p、q 定阶通常采用经验判断的方法。根据图 4-4 和图 4-5，序列自相关系数和偏相关系数在时间间隔 k>5 后均很小，因此，选取 $p=1,2,\cdots,5$ 和 $q=1,2,\cdots,5$ 的任意组合共 25 个 ARMA(p,q)模型分别进行参数估计。

在样本数据下对上述 25 个模型基于赤池信息准则(Akaike information criterion, AIC)计算出 AIC 指标。AIC 是评价统计模型拟合效果的指标：

$$\mathrm{AIC}=2k-2\ln(L) \tag{4-8}$$

式中，$\ln(L)$为模型在给定样本下计算的对数似然值；k 对应模型参数个数，对 ARMA(p,q)模型而言，k=p+q+1。AIC 取值越小，模型拟合效果越好。在本实例的 25 个模型中，ARMA(3,5)模型的 AIC 取值最小，因此，$\{\Delta x_t\}$ 最终确定模型为 ARMA(3,5)，相应的 $\{x_t\}$ 序列的模型为 ARIMA(3,1,5)。

4) 预测效果分析

下面分别分析提前量为 1h、2h、3h、4h、5h 和 6h 的预测情况，所有预测都是每 15min 一个预测点。预测结果如图 4-6 所示，预测误差指标的柱状图见图 4-7。

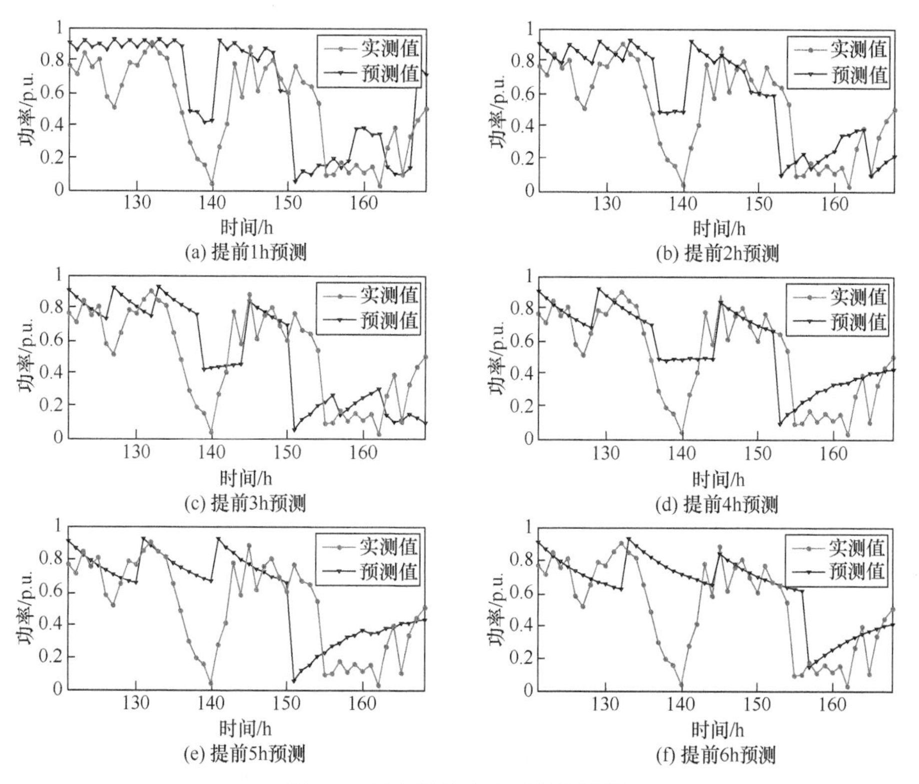

图 4-6　风电场输出功率预测结果

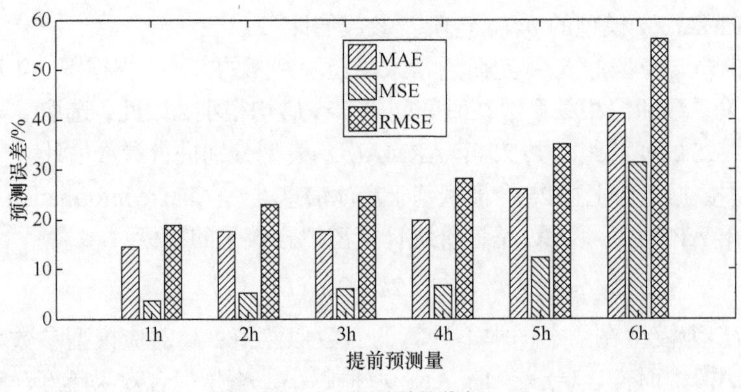

图 4-7　预测误差指标

预测误差指标采用了平均绝对误差(mean absolute error，MAE)、均方误差(mean-square error，MSE)和均方根误差(root mean square error，RMSE)。可以看出，随着预测提前量的增加，预测误差明显增大。根据实例结果，时间尺度大于 3h，风电功率序列的规律性就已经不足，可见仅基于历史功率数据建模的时间序列模型难以获得准确的预测结果。

4.3　BP 神经网络模型

人工神经网络(artificial neural network，ANN)是在对人类大脑工作机理认识的基础上，以人脑的组织结构和活动规律为背景建立的数学模型，是模仿大脑神经功能的一种信息处理系统。Hecht-Nielsen 曾给人工神经网络下了如下定义：人工神经网络是一个并行、分布式处理结构，它由处理单元及称为连接的无向信号通道互连而成。这些处理单元具有局部内存，并可以完成局部操作。每个处理单元有一个单一的输出连接，这个输出可以根据需要被分支成希望个数的许多并联连接，且这些并联连接都输出相同的信号，即相应处理单元的信号大小不因分支的多少而变化。处理单元的输出信号可以是任何需要的数学模型，每个处理单元中进行的操作必须是完全局部的(Haykin，2004)。

尽管人工神经网络的预测模型具有“黑箱”性，即难以清楚说明各输入变量相互作用的机理，但是人工神经网络方法具有分布式并行处理、非线性映射、自适应学习、鲁棒容错和泛化性好等特性，已成为目前风电功率预测中应用最广泛的统计方法。

4.3.1　人工神经元结构

人工神经元是对生物神经元的简化和模拟，它是神经网络的基本处理单元。图 4-8 表示一种简化的神经元结构。

它是一个多输入、单输出的非线性元件，其输入输出关系可描述为

$$S_i = \sum_{j=1}^{n} w_{ij} x_j - \theta_i \tag{4-9}$$

$$y_i = f(S_i) \tag{4-10}$$

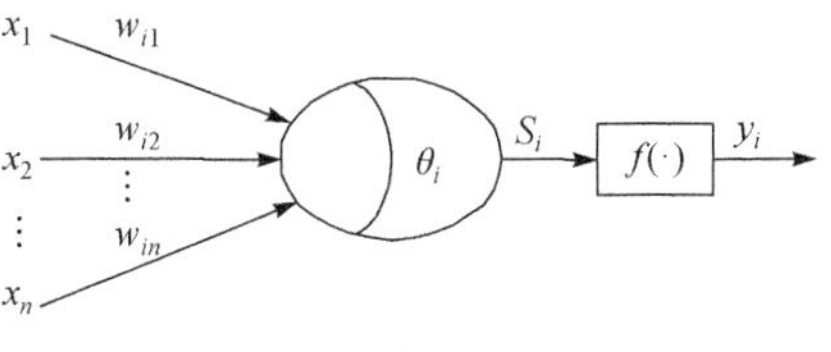

图 4-8　神经元结构

式中，$x_j\,(j=1,2,\cdots,n)$ 是从其他细胞传来的输入信号；θ_i 为阈值；w_{ij} 表示从细胞 i 到细胞 j 的连接权值；S_i 为神经元 i 的净输入；$f(\cdot)$ 称为转移函数。

神经元又称节点，它只模仿了生物神经元所具有的大约 150 个功能中最基本的三个功能，如下所示。

加权：可对每个输入信号进行程度不等的加权；

求和：确定全部输入信号的组合效果；

转移：通过转移函数 $f(\cdot)$ 确定其输出。

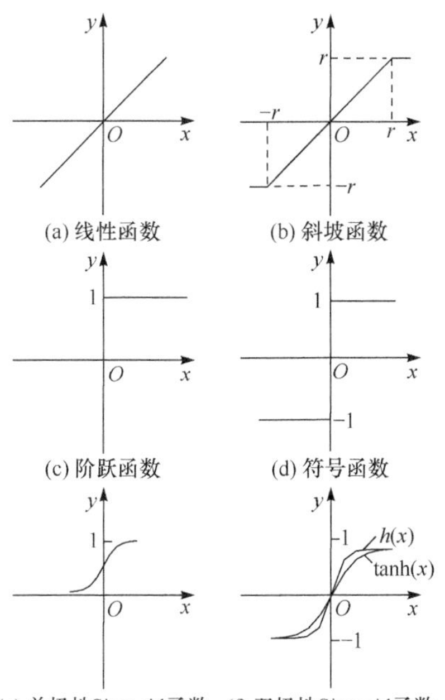

图 4-9　常用的几种转移函数

转移函数 $f(\cdot)$ 又称激活函数，其作用是模拟生物神经元所具有的非线性转移特性，是单调上升函数，而且必须是有界函数。因为细胞传递的信号不可能无限增加，所以必须有一最大值。常用的转移函数如图 4-9 所示。

下面对图 4-9 中的转移函数分别介绍。

(1) 线性函数：

$$y = f(x) = x \tag{4-11}$$

(2) 斜坡函数：

$$y = f(x) = \begin{cases} r, & x \geqslant r \\ x, & |x| < r \\ -r, & x \leqslant -r \end{cases} \tag{4-12}$$

(3) 阶跃函数：

$$y = f(x) = \begin{cases} 1, & x > 0 \\ 0, & x \leqslant 0 \end{cases} \tag{4-13}$$

(4) 符号函数：

$$y = f(x) = \begin{cases} 1, & x > 0 \\ -1, & x \leqslant 0 \end{cases} \tag{4-14}$$

(5) 单极性 Sigmoid 函数：Sigmoid 函数也称 S 形函数，常用作转移函数。它的特点是有上下界，单调增长，连续光滑可微。单极性 Sigmoid 函数是一个上下限分别为 1 和 0 的单极函数，其表达式为

$$y = f(x) = \frac{1}{1+\mathrm{e}^{-\lambda x}} \tag{4-15}$$

(6) 双极性 Sigmoid 函数：双极性 Sigmoid 函数的上下限分别为 1 和–1，目前有两种常见的双极性 Sigmoid 函数，分别如下：

$$y = h(x) = \frac{1-\mathrm{e}^{-\lambda x}}{1+\mathrm{e}^{-\lambda x}} \tag{4-16}$$

$$y = f(x) = \tanh(x) = \frac{\mathrm{e}^{\lambda x}-\mathrm{e}^{-\lambda x}}{\mathrm{e}^{\lambda x}+\mathrm{e}^{-\lambda x}} = \frac{1-\mathrm{e}^{-2\lambda x}}{1+\mathrm{e}^{-2\lambda x}} \tag{4-17}$$

$\tanh(x)$是双曲正切函数，从图 4-9 的双极性 Sigmoid 函数可见，$\tanh(x)$达到其上下界的速度比 $h(x)$慢。

4.3.2 BP 神经网络的基本原理及算法

BP 神经网络是指基于误差反向传播算法的多层前向神经网络，采用监督学习的训练方式。BP 神经网络具有如下特点：①能够以任意精度逼近任何非线性映射，实现复杂系统建模(Hornik，1989)；②可以学习和自适应未知信息，如果系统发生了变化，则可以通过修改网络的连接权值而改变预测效果；③分布式信息存储与处理结构具有一定的容错性，因此构造出来的系统具有较好的鲁棒性；④多输入、多输出的模型结构，适合处理复杂问题。

BP 神经网络除输入、输出节点外，还有一层或多层隐含节点，同层节点中没有任何连接。输入信号从输入层节点依次传过各隐层节点，再传到输出层节点，每层节点的输出只影响下一层节点的输出(Martin et al.，2002)。BP 神经网络整体算法成熟，其信息处理能力来自对简单非线性函数的多次复合(Sideratos and Hatziargyriou，2007)。BP 神经网络的一般结构如图 4-10 所示。

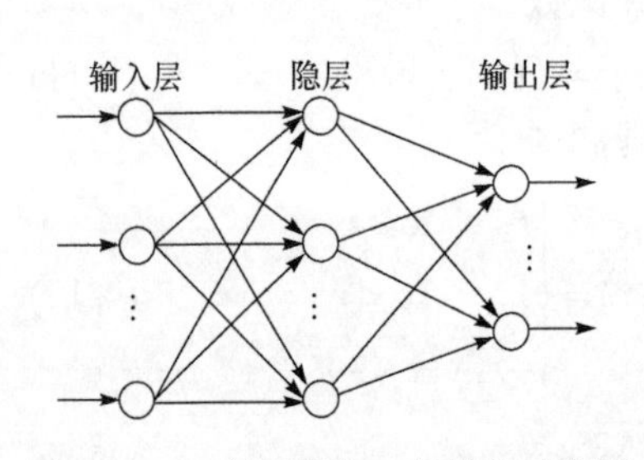

图 4-10　BP 神经网络一般结构示意图

BP 神经网络算法的数学模型是求解如下函数的最优解问题：

$$\begin{cases} \min E(\boldsymbol{w},\boldsymbol{v},\boldsymbol{\theta},\boldsymbol{\gamma}) = \dfrac{1}{N_1}\sum_{k=1}^{N_1}\sum_{t=1}^{N}\left[y_k(t)-\hat{y}_k(t)\right]^2 < \varepsilon_1 \\ \hat{y}_k(t) = \sum_{j=1}^{p} v_{jk} f\left(\sum_{i=1}^{m} x_i w_{ij} + \theta_j\right) + \gamma_t \\ f(x) = \dfrac{1}{1+\mathrm{e}^{-x}} \\ \text{s.t.}\quad \boldsymbol{w}\in\mathbf{R}^{m\times p}, \boldsymbol{v}\in\mathbf{R}^{p\times n}, \boldsymbol{\theta}\in\mathbf{R}^{p}, \boldsymbol{\gamma}\in\mathbf{R}^{n} \end{cases} \tag{4-18}$$

式中，x 为训练样本；$\hat{y}_k(t)$ 为网络的实际输出；$y_k(t)$ 为网络的期望输出；w_{ij} 为输入层节点 i 到隐层节点 j 的权值，由全部 w_{ij} 构成的矩阵表示为 $\boldsymbol{w}$；v_{jk} 为隐层节点 j 到输出层节点 k 的权值，由全部 v_{jk} 构成的矩阵表示为 $\boldsymbol{v}$；θ_j 为隐层节点 j 处的阈值，由全部 θ_j 构成的向量表示为 $\boldsymbol{\theta}$；γ_t 为输出节点 t 处的阈值，由全部 γ_t 构成的向量表示为 $\boldsymbol{\gamma}$；$f(x)$ 为激活函数，此处采用的是单极性 Sigmoid 函数。

要使全局误差函数 E 在曲面上按梯度下降，采用梯度规则，求 E 对输出层和隐层的连接权和阈值的负梯度：

$$\begin{cases} -\dfrac{\partial E}{\partial w_{ij}} = \displaystyle\sum_{k=1}^{N}\left(-\dfrac{\partial E_k}{\partial w_{ij}}\right) \\ -\dfrac{\partial E}{\partial \theta_j} = \displaystyle\sum_{k=1}^{N}\left(-\dfrac{\partial E_k}{\partial \theta_j}\right) \\ -\dfrac{\partial E}{\partial v_{jk}} = \displaystyle\sum_{k=1}^{N}\left(-\dfrac{\partial E_k}{\partial v_{jk}}\right) \\ -\dfrac{\partial E}{\partial \gamma_t} = \displaystyle\sum_{k=1}^{N}\left(-\dfrac{\partial E_k}{\partial \gamma_t}\right) \end{cases} \tag{4-19}$$

按梯度下降原则，即连接权和阈值的变化正比于负梯度，故有

$$\begin{cases} \Delta v_{jk} = -\eta\dfrac{\partial E_k}{\partial v_{jt}} = -\eta\dfrac{\partial E_k}{\partial \hat{y}_t}\dfrac{\partial \hat{y}_t}{\partial v_{jt}} \\ \Delta w_{ij} = -\eta\dfrac{\partial E_k}{w_{ij}} = -\eta\dfrac{\partial E_k}{\partial b_j}\dfrac{\partial b_j}{w_{ij}} \\ \Delta \gamma_t = -\eta\dfrac{\partial E_k}{\partial \gamma_t} = -\eta\dfrac{\partial E_k}{\partial \hat{y}_t}\dfrac{\partial \hat{y}_t}{\partial \gamma_t} \\ \Delta \theta_j = -\eta\dfrac{\partial E_k}{\partial \theta_j} = -\eta\dfrac{\partial E_k}{\partial b_j}\dfrac{\partial b_j}{\partial s_j}\dfrac{\partial s_j}{\partial \theta_j} \\ b_j = f(s_j) \\ s_j = \displaystyle\sum_{i=1}^{m} w_{ij}x_i + \theta_j \end{cases} \tag{4-20}$$

式中，η 为学习率，且 $0<\eta<1$; $i=1,2,\cdots,m$，$t=1,2,\cdots,n$，$j=1,2,\cdots,p$；b_j 为中间层各神经元的输出，s_j 为神经元运算的中间结果。

调整后的网络连接权值和阈值如下：

$$\begin{cases} w_{ij}(l+1) = w_{ij}(l) + \Delta w_{ij} \\ v_{jt}(l+1) = v_{jt}(l) + \Delta v_{jt} \\ \theta_j(l+1) = \theta_j(l) + \Delta\theta_j \\ \gamma_t(l+1) = \gamma_t(l) + \Delta\gamma_t \end{cases} \tag{4-21}$$

式中，l 表示训练次数。

BP 神经网络的完整训练过程如图 4-11 所示。

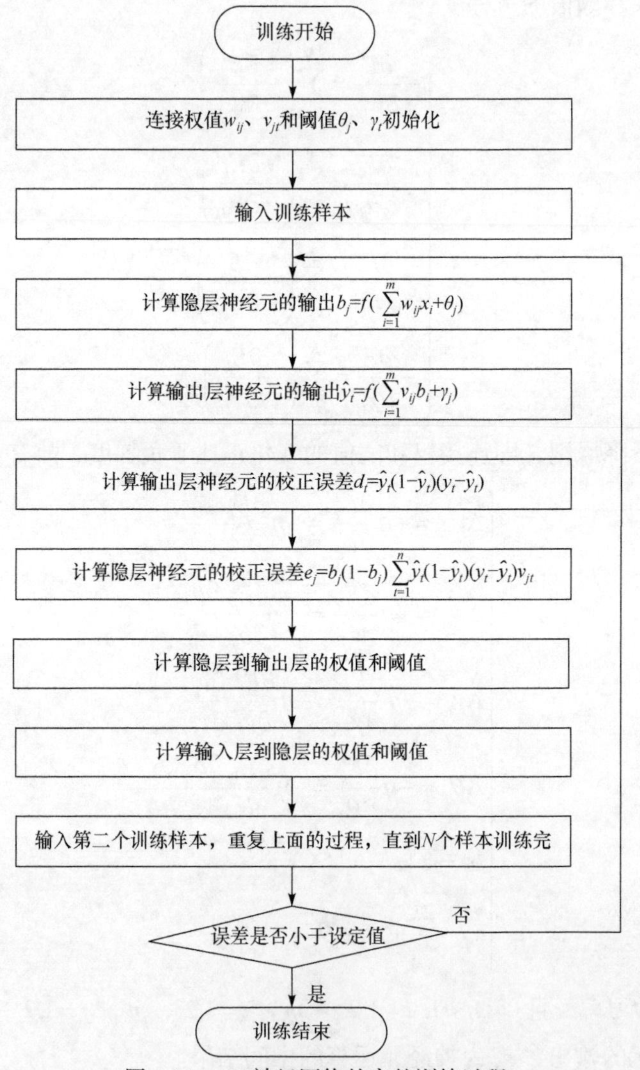

图 4-11　BP 神经网络的完整训练过程

只要隐层神经元的个数充分多，隐层神经元激活函数为线性函数的三层神经网络就可以逼近任何函数。BP 神经网络通过简单非线性处理单元的复合映射，可以获得复杂的非线性处理能力。

4.3.3　BP 神经网络算法的改进

BP 神经网络算法本身存在一些不足之处，如对网络进行训练后结果不能收敛到全局最小，收敛速度慢等。通常，BP 神经网络算法的改进方法有改变学习率η、加入动量项两种。

1. 改变学习率η

BP 神经网络算法的有效性和收敛性在很大程度上取决于学习率η。η的最优值与具体问题有关。对不同问题，很难找到一个通用最优的η值。即使同一个问题，训练开始时较合适的η值，后来也不一定合适。多年来，围绕学习率的变化，提出了如下两种主要方法。

1) 学习速率渐小法

学习速率渐小法适用于每个训练模式变化的 BP 神经网络，其特点在于开始学习时学习速率比较大，有利于加快学习速度，而快到极值点时学习速率减小，有利于收敛。学习速率变化规则为

$$\eta(n)=\frac{\eta(n-1)}{1+n/r} \tag{4-22}$$

式中，n 为学习的次数；r 为常值参数，用于调节学习速率在整个训练周期减小的速度，在前 r 次学习之后，学习速率被这个更新规则减半。通常采用试凑法寻找 r 的相对最佳值。

2) 自适应学习率法

自适应学习率法的基本指导思想是在学习收敛的情况下增大η值，以缩短学习时间，而当η值偏大致使全局误差不能收敛时，及时减小η值，直到收敛为止。

2. 加入动量项

学习率η值大，网络收敛快，但过大会引起不稳定；η值小可以避免不稳定，但收敛速度会降低。要解决这一矛盾，最简单的方法就是加入“动量项”，即得到反向传播的动量改进权值修正公式：

$$\Delta w_{ij}(n)=\alpha w_{ij}(n-1)-\eta\frac{\partial E_k}{\partial w_{ij}} \tag{4-23}$$

式中，α 为动量系数，通常为正数。

在 BP 神经网络算法中加入动量项不仅可以微调权值的修正量，也可以使学习避免陷入局部最小。对于风电功率预测而言，预测建模即神经网络的学习是在

离线状态下完成的。因此，学习时间并不是一个关键问题，预测精度才是最重要的。

4.3.4 BP 神经网络的泛化能力

神经网络的泛化能力是指神经网络对训练样本以外的新样本的适应能力，也称为神经网络的推广能力，被认为是衡量神经网络性能的重要指标，神经网络只有具备泛化能力才能在实际中得到应用。神经网络的训练过程实际上是网络对训练样本内在规律的学习过程，而对网络进行训练的目的主要是让网络对训练样本以外的数据具有较强的泛化能力。

神经网络的泛化能力受以下几个因素影响：

(1) 样本特性。只有当训练样本足以表征所研究问题的主要特征时，才可以通过合理的学习机制使网络具有泛化能力，合理的采样结构是神经网络具有泛化能力的必要条件。

(2) 网络自身因素，如网络的结构、初始值及网络的学习算法等。网络的结构主要包括网络的隐层数、隐层节点个数和隐层节点的激活函数。

当隐层节点激活函数有界时，三层前向网络具有以任意精度逼近定义在紧致子集上的任意非线性函数的能力。采用三层BP神经网络，隐层节点函数为Sigmoid函数，输出节点函数采用线性函数，完全可以达到网络逼近的要求。“过拟合”现象是网络隐层节点过多的必然结果，影响网络的泛化能力，同时认为在满足精度的要求下，逼近函数的阶数越小越好，低阶逼近可以有效防止“过拟合现象”，从而提高网络的预测能力。

此外，神经网络初始值的选择也影响网络的泛化能力。一般随机给定一组权值，采用一定的学习规则，在训练中逐步调整，最终得到一组较好的权值分布。BP 神经网络的训练是基于梯度下降方法，不同的初始权值可能会导致不同的结果。如果取值不当，可能引起振荡而不收敛，即使收敛也会导致训练时间变长或陷入局部极值点，得不到合适的权值分布，从而影响网络的泛化能力。

4.4 径向基函数神经网络模型

1989 年，Moody 提出用径向基函数(radial basis function，RBF)作为神经元的功能函数进行神经网络的学习。RBF 神经网络是一种单隐层前馈型网络，它以径向基函数作为隐层节点激活函数，具有收敛速度快、逼近精度高、网络规模小等特点，在风电功率预测中也有较多应用。

4.4.1 径向基函数

径向基函数是仅取决于输入变量距离的一种实值函数。给定径向基函数

$h \in L^2\left(\mathbf{R}^d\right)$，则存在 $\phi \in L^2\left(\mathbf{R}\right)$，对于 $\forall \boldsymbol{x} \in \mathbf{R}^d$，满足

$$h\left(\boldsymbol{x}\right)=\phi\left(\|\boldsymbol{x}\|\right) \tag{4-24}$$

式中，$\|\boldsymbol{x}\|$ 表示 $\boldsymbol{x}$ 的欧氏范数，其傅里叶变换也是径向的。

式(4-24)径向基函数中的范数计算的是 $\boldsymbol{x}$ 与原点间的距离。对于任意中心向量 $\boldsymbol{C}$，一个更通用的表达式为

$$h\left(\boldsymbol{x}\right)=\phi\left(\left(\boldsymbol{x}-\boldsymbol{C}\right)^{\mathrm{T}}\boldsymbol{E}^{-1}\left(\boldsymbol{x}-\boldsymbol{C}\right)\right) \tag{4-25}$$

式中，$\phi(\cdot)$ 表示径向基函数；$\boldsymbol{E}$ 是一个变换矩阵，通常为欧几里得矩阵；$\left(\boldsymbol{x}-\boldsymbol{C}\right)^{\mathrm{T}}\boldsymbol{E}^{-1}\left(\boldsymbol{x}-\boldsymbol{C}\right)$ 是在矩阵 $\boldsymbol{E}$ 定义下对输入向量 $\boldsymbol{x}$ 与中心向量 $\boldsymbol{C}$ 距离的一种衡量。

如果 $\boldsymbol{E}$ 表示一个欧几里得矩阵，在这种情况下，$\boldsymbol{E}=r^2\boldsymbol{I}$，$r$ 为径向基函数半径，则式(4-25)简化为

$$h\left(\boldsymbol{x}\right)=\phi\left(\frac{\left(\boldsymbol{x}-\boldsymbol{C}\right)^{\mathrm{T}}\left(\boldsymbol{x}-\boldsymbol{C}\right)}{r^2}\right)=\phi\left(\frac{\|\left(\boldsymbol{x}-\boldsymbol{C}\right)\|^2}{r^2}\right) \tag{4-26}$$

径向基函数有一个重要特征，即随着输入向量 $\boldsymbol{x}$ 与中心向量 $\boldsymbol{C}$ 之间距离的增大，函数呈单调递减(或递增)。下面是几类常用的中心向量取原点时的径向基函数。

Gaussian 函数：$\phi\left(\|\boldsymbol{x}\|\right)=\mathrm{e}^{-\|\boldsymbol{x}\|^2}$

Multiquadric 函数：$\phi\left(\|\boldsymbol{x}\|\right)=\left(1+\|\boldsymbol{x}\|^2\right)^{\frac{1}{2}}$

Inverse Multiquadric 函数：$\phi\left(\|\boldsymbol{x}\|\right)=\left(1+\|\boldsymbol{x}\|^2\right)^{-\frac{1}{2}}$

Cauchy 函数：$\phi\left(\|\boldsymbol{x}\|\right)=\left(1+\|\boldsymbol{x}\|^2\right)^{-1}$

它们在一维情况下的函数图形如图 4-12 所示，其中中心定为原点，$r=1$。从图中可以看出，随着与中心点距离的增大，Gaussian 函数呈单调递减，并具有良

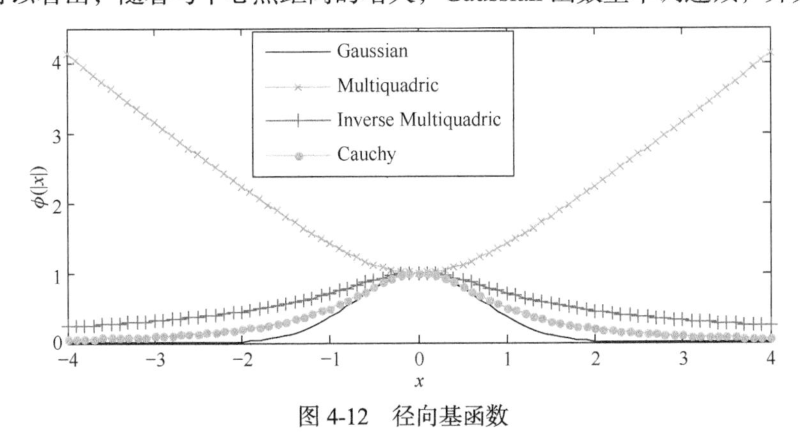

图 4-12　径向基函数

好的局部特性，因此 RBF 神经网络的隐层节点通常选 Gaussian 函数。

4.4.2 径向基函数神经网络结构

RBF 神经网络也是一种三层静态前向网络，其拓扑结构如图 4-13 所示。

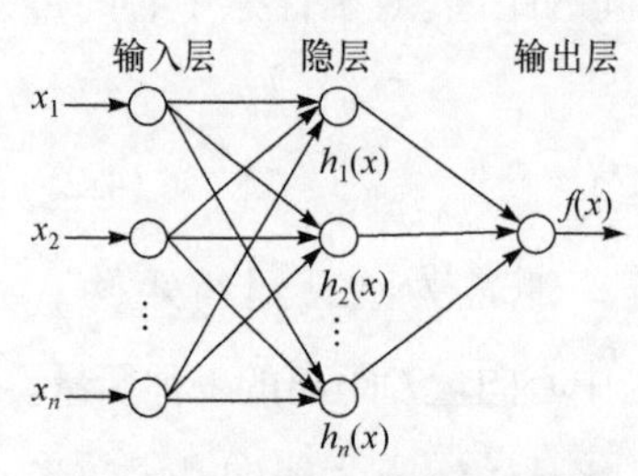

图 4-13 RBF 神经网络拓扑结构

构建RBF神经网络的基本思想是用径向基函数作为隐单元的“基”构成隐层空间，将输入矢量直接映射到隐层空间，当径向基函数的中心点确定后，这种映射关系也就确定了。而隐层空间到输出层是线性映射，即网络输出是隐单元输出的线性加权和。

RBF 神经网络的映射关系由两部分组成。

第一部分：从输入空间到隐层空间的非线性变换，其中第 j 个隐单元输出为

$$h_j(\boldsymbol{x}) = \phi\left(\| \boldsymbol{x} - \boldsymbol{C}_j \|, \sigma_j\right) = \exp\left(-\frac{\| \boldsymbol{x} - \boldsymbol{C}_j \|^2}{2\sigma_j^{\ 2}}\right) \tag{4-27}$$

式中，$\phi(\cdot)$ 为隐单元的变换函数，也就是径向基函数，这里采用 Gaussian 函数；$\|\cdot\|$ 表示范数，通常取 2 阶范数；$\boldsymbol{x}$ 为 n 维输入向量，即 $\boldsymbol{x} = \left[x_1, x_2, \cdots, x_n\right]^{\mathrm{T}}$；$\boldsymbol{C}_j$ 为第 j 个径向基函数的中心向量，即 $\boldsymbol{C}_j = \left[C_{j,1}, C_{j,2}, \cdots, C_{j,n}\right]^{\mathrm{T}}$，对于 RBF 神经网络，中心向量的个数等于网络隐层单元数；σ_j 为第 j 个 Gaussian 函数的带宽参数，影响函数形状特征。

第二部分：从隐层空间到输出层空间的线性合并层，输出为

$$f(x) = \sum_{j=1}^{n} h_i(x) w_j \tag{4-28}$$

式中，w_j 为第 j 个隐单元与输出之间的连接权；n 为隐层单元数。在 RBF 神经网络中，隐层执行的是一种固定不变的非线性变换，将输入空间映射到一个新空间，输出层在该新空间中实现线性组合器的功能，可调节的参数就是该线性组合器的权重。

构造和训练一个 RBF 神经网络就是映射函数通过学习，确定每个隐层神经元基函数的中心 $\boldsymbol{C}_j$、带宽 σ_j 及隐层到输出层的权值 w_j，从而完成从输入到输出的映射。与 BP 神经网络单纯由连接权值参数的构成不同，RBF 神经网络的两部分参数在映射中所起的作用不同。隐层的中心和宽度代表了样本空间模式及各中心的相对位置，完成的是从输入空间到隐层空间的非线性映射。而输出层实现从隐

层空间到输出层空间的线性映射。必须明确，RBF 神经网络的核心是隐层的设计，中心的选取显著影响 RBF 神经网络的最终性能。

4.4.3 径向基函数神经网络学习算法

根据径向基函数中心选取方法的不同，RBF 神经网络有多种学习方法，其中最常用的有四种学习方法：随机选取中心法、自组织选取中心法、有监督选取中心法和正交最小二乘法。这里采用自组织选取中心法进行网络学习。

1. 学习中心

自组织学习过程要用到聚类算法，常用的聚类算法是 K 均值聚类算法。设聚类中心有 I 个，$\boldsymbol{C}_j(n)$ 是第 n 次迭代时基函数的中心，则 K 均值聚类算法的步骤如下。

(1) 初始化聚类中心，随机选取 I 个不同的样本作为初始中心 $\boldsymbol{C}_j(0)$，设初始迭代步数 n=0。

(2) 随机输入训练样本 $\boldsymbol{X}_k$。

(3) 寻找距离训练样本 $\boldsymbol{X}_k$ 最近的中心，式(4-29)表示 I 个中心中的第 $i(\boldsymbol{X}_k)$ 个就是这个距离最近的中心：

$$i(\boldsymbol{X}_k) = \arg\min_i \| \boldsymbol{X}_k - \boldsymbol{C}_j(n) \|, \quad i = 1,2,\cdots,I \tag{4-29}$$

式中，$\boldsymbol{C}_j(n)$ 是第 n 次迭代时基函数的第 i 个中心。

(4) 调整中心：

$$\boldsymbol{C}_j(n+1) = \begin{cases} \boldsymbol{C}_j(n) + \eta\left[\boldsymbol{X}_k(n) - \boldsymbol{C}_j(n)\right], & i = i(\boldsymbol{X}_k) \\ \boldsymbol{C}_j(n), & \text{其他} \end{cases} \tag{4-30}$$

式中，η 是学习率，且 $0 < \eta < 1$。

(5) 判断是否学完所有的训练样本且中心的分布不再变化，是则结束；否则 n=n+1，转到步骤(2)。

2. 确定方差

如果采用 Gaussian 函数，则方差可用经验公式计算：

$$\sigma_1 = \sigma_2 = \cdots = \sigma_I = \frac{d_{\max}}{\sqrt{2n}} \tag{4-31}$$

式中，$d_{\max}$ 为所选中心之间的最大距离；n 为隐单元个数。

3. 确定权值

权值 w 可根据给定样本数据采用最小二乘法计算线性回归问题得到。

4.5 支持向量机模型

支持向量机(support vector machine，SVM)以统计学习理论为基础，具有简洁的数学形式、直观的几何解释和良好的泛化能力，它避免了神经网络中的局部最优解问题。与 BP 神经网络相比，SVM 在防止过学习、预测精度方面有一定的优越性，因此在风电功率预测中也得到了广泛应用。

4.5.1 支持向量机基本原理

假设存在样本 $(\boldsymbol{x}_1,y_1),(\boldsymbol{x}_2,y_2),\cdots,(\boldsymbol{x}_i,y_i),\cdots(\boldsymbol{x}_m,y_m),\boldsymbol{x}\in\mathbf{R}^n,y\in\{1,-1\}$，$n$ 为 $\boldsymbol{x}$ 的维度，m 为样本数，学习的目标就是构造一个决策函数，将测试数据尽可能正确地分类。分类的目的就是找到一个超平面将两类样本完全分开。该超平面可描述为

$$\boldsymbol{w}\cdot\boldsymbol{x}+b=0 \tag{4-32}$$

式中，$\boldsymbol{w}$ 是超平面的法向量；b 为回归截距。

分类的结果如下：

$$\begin{cases}\boldsymbol{w}\cdot\boldsymbol{x}_i+b\geqslant 0, & y_i=1\\ \boldsymbol{w}\cdot\boldsymbol{x}_i+b<0, & y_i=-1\end{cases} \tag{4-33}$$

此时假设空间为

$$f_{\boldsymbol{w},b}=\mathrm{sign}(\boldsymbol{w}\cdot\boldsymbol{x}+b) \tag{4-34}$$

对$(\boldsymbol{w},b)$进行如下约束：

$$\min_{i=1,2,\cdots,m}|(\boldsymbol{w}\cdot\boldsymbol{x}_i)+b|=1 \tag{4-35}$$

如果训练样本可以被无误差地划分，以及每一类数据离超平面最近的向量与超平面之间的距离最大，则称这个超平面为最优超平面。图 4-14 中 H 为分类超平面，H_1 和 H_2 分别是过各类中离分类超平面最近的样本且平行于分类超平面的平面，它们之间的距离称为分类间隔。

由约束条件(4-35)可得

$$\begin{cases}H:(\boldsymbol{w}\cdot\boldsymbol{x})+b=0\\ H_1:(\boldsymbol{w}\cdot\boldsymbol{x}_i)+b\geqslant 1, & y_i=1\\ H_2:(\boldsymbol{w}\cdot\boldsymbol{x}_i)+b<-1, & y_i=-1\end{cases} \tag{4-36}$$

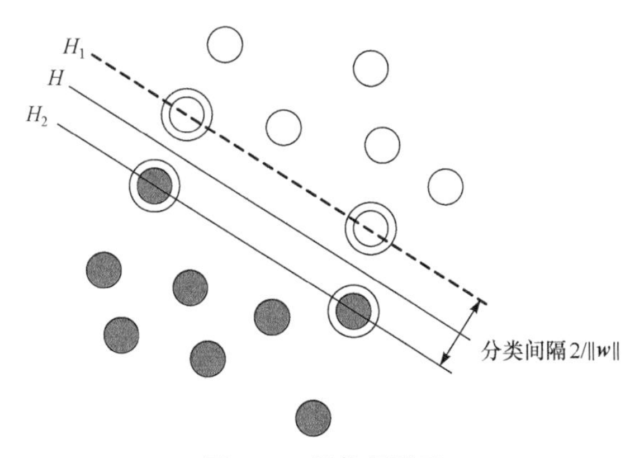

图 4-14　最优超平面

归一化后可得

$$y_i((\boldsymbol{w}\cdot\boldsymbol{x}_i)+b)\geqslant 1,\quad i=1,2,\cdots,m \tag{4-37}$$

式中，H_1、H_2 到 H 的距离均为 $1/\|\boldsymbol{w}\|$；分类间隔为 $2/\|\boldsymbol{w}\|$。

4.5.2　支持向量机回归算法

支持向量机回归的基本思想是：设有输入、输出样本集 $\{\boldsymbol{x},y\}=\{(\boldsymbol{x}_1,y_1),(\boldsymbol{x}_2,y_2),\cdots,(\boldsymbol{x}_m,y_m)\},\boldsymbol{x}\in\mathbf{R}^n,y\in\mathbf{R}$，其中 $\boldsymbol{x}_i$ 为 n 维输入向量，y_i 为输出量。通过 SVM 训练回归出一个函数 $f(\boldsymbol{x})$，使得该函数求出的每个输入样本的输出值与目标值相差不超过一定的误差，同时要使函数尽量平滑。

1. 线性回归

对于线性回归，假设函数的形式为 $f(\boldsymbol{x})=\boldsymbol{w}\cdot\boldsymbol{x}+b$，要使回归出的函数 $f(\boldsymbol{x})$ 尽量平滑，需要寻找一个尽量小的 $\boldsymbol{w}$，因此线性回归的最优化问题可描述为

$$\begin{cases}\min\limits_{\boldsymbol{w},b} J=\dfrac{1}{2}\|\boldsymbol{w}\|^2\\ \text{s.t.}\quad y_i-(\boldsymbol{w}\cdot\boldsymbol{x}_i)-b\leqslant\varepsilon\\ \qquad (\boldsymbol{w}\cdot\boldsymbol{x}_i)+b-y_i\leqslant\varepsilon\end{cases} \tag{4-38}$$

为使优化问题确定有解，引入松弛变量 ξ 和 ξ^*，优化问题转化为

$$\begin{cases}\min\limits_{\boldsymbol{w},b} J=\dfrac{1}{2}\|\boldsymbol{w}\|^2+C\sum\limits_{i=1}^{m}(\xi_i+\xi^*)\\ \text{s.t.}\quad y_i-(\boldsymbol{w}\cdot\boldsymbol{x}_i)-b\leqslant\varepsilon+\xi_i\\ \qquad (\boldsymbol{w}\cdot\boldsymbol{x}_i)+b-y_i\leqslant\varepsilon+\xi^*\\ \qquad \xi_i,\xi^*\geqslant 0\end{cases} \tag{4-39}$$

式中，C 为惩罚系数。

式(4-39)中引入了损失函数$|\xi|_\varepsilon$，经验风险ε由不敏感损失函数来度量，其中ε不敏感损失函数表示如下：

$$|\xi|_\varepsilon=\begin{cases}0, & |\xi|\leqslant\varepsilon\\ |\xi|-\varepsilon, & |\xi|>\varepsilon\end{cases} \tag{4-40}$$

这里，ε为允许误差。

为解决以上凸二次优化问题，引入拉格朗日函数：

$$\begin{aligned}L=&\frac{1}{2}\|\boldsymbol{w}\|^2+C\sum_{i=1}^{m}(\xi_i+\xi_i^*)-\sum_{i=1}^{m}\alpha_i[\varepsilon+\xi_i-y_i+(\boldsymbol{w}\cdot\boldsymbol{x}_i)+b]\\&-\sum_{i=1}^{m}\alpha_i^*[\varepsilon+\xi_i^*+y_i-(\boldsymbol{w}\cdot\boldsymbol{x}_i)-b]-\sum_{i=1}^{m}(\eta_i\xi_i+\eta_i^*\xi_i^*)\end{aligned} \tag{4-41}$$

式中，$\alpha_i,\alpha_i^*,\eta_i,\eta_i^*\geqslant 0,\quad i=1,2,\cdots,m$。

利用对偶原理可得式(4-41)的对偶最优化问题：

$$\begin{cases}\min\limits_{\alpha,\alpha^*}\min\limits_{w,b,\xi,\xi^*} L=-\dfrac{1}{2}\sum\limits_{i,j=1}^{m}(\alpha_i-\alpha_i^*)(\alpha_j-\alpha_j^*)(\boldsymbol{x}_i\cdot\boldsymbol{x}_j)-\varepsilon\sum\limits_{i=1}^{m}(\alpha+\alpha_i^*)+\sum\limits_{i=1}^{m}y_i(\alpha_i-\alpha_i^*)\\ \text{s.t.}\ \sum\limits_{i=1}^{m}(\alpha_i\cdot\alpha_i^*)=0,\quad \alpha_i-\alpha_i^*\in[0,C]\end{cases} \tag{4-42}$$

解该对偶问题可得

$$\begin{cases}\boldsymbol{w}=\sum\limits_{i=1}^{m}(\alpha_i-\alpha_i^*)\boldsymbol{x}_i\\ f(\boldsymbol{x})=\sum\limits_{i=1}^{m}(\alpha_i-\alpha_i^*)(\boldsymbol{x}_i\cdot\boldsymbol{x}_j)+b\end{cases} \tag{4-43}$$

回归截距b可用式(4-44)求得：

$$b=\text{average}\,|\,\varepsilon\text{sign}(\alpha_i-\alpha_i^*)+y_i-(\boldsymbol{w}\cdot\boldsymbol{x}_i)\,| \tag{4-44}$$

从以上分析可以看出，向量$\boldsymbol{w}$可以表示成训练样本的线性组合。在计算$f(\boldsymbol{x})$时无须明确计算出向量$\boldsymbol{w}$，只需计算出训练样本之间的点积即可。

2. 非线性回归

对于非线性回归情况，其解决思路是首先通过函数将输入样本映射到希尔伯特空间，在该空间中样本是线性的，这样就可以采用线性回归的方法，然后引入核函数代替特征样本中样本之间的点积，即

$$k(\boldsymbol{x},\boldsymbol{x}_i)=\phi(\boldsymbol{x})\cdot\phi(\boldsymbol{x}_i) \tag{4-45}$$

式中，$\phi(\boldsymbol{x})$实现了输入空间到希尔伯特空间的映射。

在非线性情况下，分类超平面为

$$\boldsymbol{w}\cdot\phi(\boldsymbol{x})+b=0 \tag{4-46}$$

最优分类超平面问题描述为

$$\begin{cases}\min\limits_{w,b} J = \dfrac{1}{2}\boldsymbol{w}^{\mathrm{T}}\boldsymbol{w} \\ \text{s.t.} \quad y_i - \boldsymbol{w}^{\mathrm{T}}\phi(\boldsymbol{x}_i) - b \leqslant \varepsilon \\ \qquad \boldsymbol{w}^{\mathrm{T}}\phi(\boldsymbol{x}_i) + b - y_i \leqslant \varepsilon \end{cases}, \quad i = 1,2,\cdots,m \tag{4-47}$$

对偶最优问题为

$$\begin{cases}\min\limits_{\alpha,\alpha^*} \min\limits_{w,b,\xi,\xi^*} L = -\dfrac{1}{2}\sum\limits_{i,j=1}^{m}(\alpha_i - \alpha_i^*)(\alpha_j - \alpha_j^*)(\phi(\boldsymbol{x}_i)\cdot\phi(\boldsymbol{x}_j)) - \varepsilon\sum\limits_{i=1}^{m}(\alpha + \alpha_i^*) + \sum\limits_{i=1}^{m} y_i(\alpha_i - \alpha_i^*) \\ \text{s.t.} \quad \sum\limits_{i=1}^{m}(\alpha_i \cdot \alpha_i^*) = 0, \quad \alpha_i - \alpha_i^* \in [0, C] \end{cases} \tag{4-48}$$

引入核函数解式(4-48)可得

$$\begin{cases}\boldsymbol{w} = \sum\limits_{i=1}^{m}(\alpha_i - \alpha_i^*)\phi(\boldsymbol{x}_i) \\ f(\boldsymbol{x}) = \sum\limits_{i=1}^{m}(\alpha_i - \alpha_i^*)k(\boldsymbol{x}\cdot\boldsymbol{x}_i) + b \end{cases} \tag{4-49}$$

回归截距 b 可通过式(4-50)计算得到：

$$b = \text{averge}\left|\varepsilon\text{sign}(\alpha_i - \alpha_i^*) + y_i - k(\boldsymbol{x}\cdot\boldsymbol{x}_i)\right| \tag{4-50}$$

4.5.3　核函数

根据 Mercer 定理，任何半正定的函数都可以作为核函数。目前常用的核函数有以下几种：

(1) 线性核函数 $k(\boldsymbol{x}_i \cdot \boldsymbol{x}_j) = \boldsymbol{x}_i \cdot \boldsymbol{x}_j$；

(2) 多项式核函数 $k(\boldsymbol{x}_i \cdot \boldsymbol{x}_j) = (\boldsymbol{x}_i \cdot \boldsymbol{x}_j + 1)^d$；

(3) 径向基函数 $k(\boldsymbol{x}\cdot\boldsymbol{x}_i) = \exp\left(-\dfrac{\|\boldsymbol{x} - \boldsymbol{x}_i\|^2}{2\sigma^2}\right)$；

(4) Sigmoid 核函数 $k(\boldsymbol{x}\cdot\boldsymbol{x}_i) = \tanh(\beta\boldsymbol{x}_i \cdot \boldsymbol{x} + b)$。

支持向量机可以看作一个三层前向神经网络，每个基函数中心对应一个支持向量，基函数中心以及输出权值都是由算法自动确定的。SVM 实现的就是包含一个隐层的感知器，隐层节点数是由算法自动确定的，而且算法不存在困扰神经网络方法的局部极小点问题。

4.5.4　最小二乘支持向量机

最小二乘支持向量机把二次优化问题转化为一个线性方程组的求解问题，克服了 SVM 的缺陷。

假设存在样本集合 $\{\boldsymbol{x}, y\} = \{(\boldsymbol{x}_1 \cdot y_1), \cdots, (\boldsymbol{x}_t \cdot y_t)\}$，$\boldsymbol{x} \in \mathbf{R}^n, y \in \mathbf{R}$。对该样本的最小二乘支持向量机回归的表述为

$$\begin{cases} \min J = \dfrac{1}{2}\boldsymbol{w}^{\mathrm{T}}\boldsymbol{w} + C\sum\limits_{i=1}^{t} e_i^2 \\ \text{s.t.} \quad y_i = \boldsymbol{w}\phi(\boldsymbol{x}_i) + b + e_i \end{cases} \tag{4-51}$$

式中，C 为惩罚系数，控制样本误差的惩罚程度；$\boldsymbol{w}^{\mathrm{T}}\boldsymbol{w}/2$ 控制模型的复杂程度；e_i 为第 i 个样本的误差。该回归问题就是寻找最优的回归参数 $\boldsymbol{w}$、b 使得损失函数 J 最小化。

式(4-51)所示的拉格朗日函数为

$$L = \frac{1}{2}\boldsymbol{w}^{\mathrm{T}}\boldsymbol{w} + C\sum_{i=1}^{t} e_i^2 - \sum_{i=1}^{t} \alpha_i [\boldsymbol{w}\phi(\boldsymbol{x}_i) + b + e_i - y_i] \tag{4-52}$$

式中，α_i 为拉格朗日乘子。

对该拉格朗日函数求极值：

$$\begin{cases} \dfrac{\partial L}{\partial \boldsymbol{w}} = 0 \\ \dfrac{\partial L}{\partial b} = 0 \\ \dfrac{\partial L}{\partial \alpha_i} = 0 \end{cases} \tag{4-53}$$

得到

$$\begin{cases} \boldsymbol{w} = \sum\limits_{i=1}^{t} \alpha_i \cdot \phi(\boldsymbol{x}_i) \\ \sum\limits_{i=1}^{t} \alpha_i = 0 \end{cases} \tag{4-54}$$

定义核函数 $k(\boldsymbol{x}_i \cdot \boldsymbol{x}_j) = \phi(\boldsymbol{x}_i) \cdot \phi(\boldsymbol{x}_j)$，将上述优化问题求解转化为求解如下的线性方程组：

$$\begin{bmatrix} 0 & 1 & \cdots & 1 \\ 1 & k(\boldsymbol{x}_1, \boldsymbol{x}_t) + \dfrac{1}{C} & \cdots & k(\boldsymbol{x}_1, \boldsymbol{x}_t) \\ \vdots & \vdots & & \vdots \\ 1 & k(\boldsymbol{x}_t, \boldsymbol{x}_1) & \cdots & k(\boldsymbol{x}_t, \boldsymbol{x}_t) + \dfrac{1}{C} \end{bmatrix} \begin{bmatrix} b \\ \alpha_1 \\ \vdots \\ \alpha_t \end{bmatrix} = \begin{bmatrix} 0 \\ y_1 \\ \vdots \\ y_t \end{bmatrix} \tag{4-55}$$

解该方程组得到回归系数 $\alpha_i\left(i=1,2,\cdots,t\right)$ 和 b。给定 t+1 时刻的输入变量为 $\boldsymbol{x}_{t+1}$，则模型的预测值如下：

$$\hat{P}(\boldsymbol{x}_{t+1})=\sum_{i=1}^{t}\alpha_i k(\boldsymbol{x}_{t+1},\boldsymbol{x}_i)+b \tag{4-56}$$

4.6　预测模型输入数据归一化

在短期风电功率预测中，风电功率的影响因素主要有风速、风向、气温、气压、湿度、粗糙度、地形等。除粗糙度和地形外，其他要素都可由数值天气预报提供。对于粗糙度和地形数据，地形数据可认为维持不变，粗糙度数据可能随地面建筑物、植被季节差异等发生变化，但这类变化较为缓慢或有一定的季节性，如果不同季节变化较大，则可根据不同季节建立不同的神经网络。因此，统计方法建模时的输入数据主要包含风速、风向、气温、气压、湿度等。这些输入数据的取值差异很大，对这些数据进行归一化处理，有利于加快训练收敛速度，提高建模效率和预测精度。下面针对各输入数据的归一化方法依次进行介绍。

1. 风速归一化

可以采用如下公式进行风速归一化：

$$V_{\mathrm{g}}=\frac{V_{\mathrm{t}}}{V_{\max}} \tag{4-57}$$

式中，V_{g}是归一化后的风速值；V_{t}是数值天气预报系统预测的风速值；$V_{\max}$是气象观测的历史最大风速。

2. 风向归一化

风向归一化方法如图 4-15 所示，取正北方为 x 轴的正方向，取正东为 y 轴正方向。风向的正弦值在 0～π为正值，在π～2π为负值；风向的余弦值在 0～π/2和

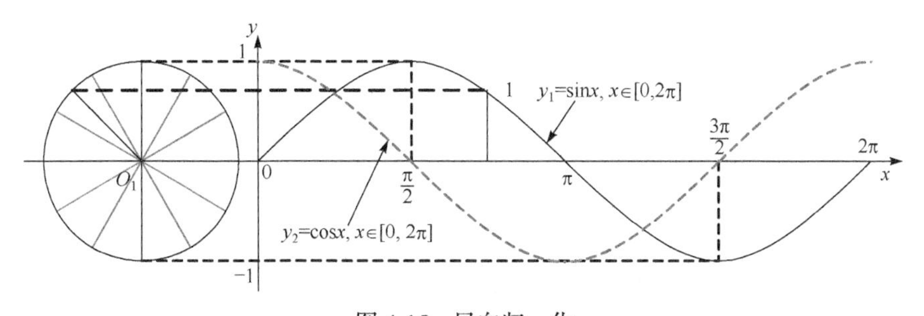

图 4-15　风向归一化

3π/2～2π为正值，在π/2～3π/2为负值。因此，风向的正弦值和余弦值结合在一起可以区分所有的风向。

3. 气温归一化

气温归一化的方法与风速归一化的方法类似，具体公式如下：

$$T_{\mathrm{g}}=\frac{T_{\mathrm{t}}}{|T_{\mathrm{t}}|_{\max}} \tag{4-58}$$

式中，T_{g}为归一化后的气温值；T_{t}为数值天气预报系统预测的气温值；$|T_{\mathrm{t}}|_{\max}$为气象观测的气温绝对值的最大值。

4. 气压归一化

气压归一化与风速、气温归一化的方法类似，具体公式如下：

$$P_{\mathrm{g}}=\frac{P_{\mathrm{t}}}{P_{\max}} \tag{4-59}$$

式中，P_{g}为归一化后的气压值；P_{t}为数值天气预报系统预测的气压值；$P_{\max}$为气象观测的最高气压。

5. 湿度归一化

湿度归一化与上面的方法类似，如下：

$$H_{\mathrm{g}}=\frac{H_{\mathrm{t}}}{H_{\max}} \tag{4-60}$$

式中，H_{g}为归一化后的湿度值；H_{t}为数值天气预报系统预测的湿度值；$H_{\max}$为湿度的最大值。

4.7 三种机器学习方法比较及实例分析

前面介绍的 BP 神经网络、RBF 神经网络和 SVM 都属于机器学习方法，其本质上都是对样本数据进行学习，找出输入数据与输出数据之间的映射关系，即预测模型，进而利用这种关系进行预测。本节针对这三种机器学习方法进行比较并给出具体的实例。

RBF 神经网络与 BP 神经网络的不同之处在于：BP 神经网络的隐层和输出层的神经元模型是一样的，而 RBF 神经网络的隐层神经元和输出层神经元不仅模型不同，在网络中起到的作用也不同；BP 神经网络的隐层和输出层通常都是非线性的，而 RBF 神经网络的隐层是非线性的，输出层是线性的；采用 BP 神经网络的激励函数计算输入单元和连接权值间的内积，采用 RBF 神经网络的基函数计算输入向量与中心向量的欧氏距离；BP 神经网络是对非线性映射的全局逼近，而 RBF 神经网络使用局部指数衰减的非线性函数对非线性输入输出映射进行局部逼近。

SVM 有以下几个优点：①针对有限样本情况，其目标是得到现有信息下的最优解，而不仅仅是样本数趋于无穷大时的最优解；②算法最终转化为一个二次型寻优问题，理论上可以得到全局最优解；③算法将实际问题通过非线性变换转换到高维的特征空间，在高维特征空间中构造线性判别函数来代替原空间中的非线性判别函数，这一性质能保证模型有较好的泛化能力。当 SVM 采用径向基函数时，SVM 实际上为一种 RBF 分类器。它与 RBF 神经网络的区别在于，SVM 中 RBF 的中心位置及中心数目、网络的权值都是在训练过程中自动确定，而 RBF 对这些参数的确定依赖经验知识。

因此，BP 神经网络总是在全局寻优，对于局部极值点较难捕获；RBF 神经网络具有一定的局部寻优能力且学习速度较快；SVM 具有较强的局部寻优能力，尤其在样本较少情况下的学习能力比较突出，但其缺点是需要的内存容量较大，学习速度较慢。

下面采用实际数据对这三种模型进行测试，并比较预测结果。对于 BP 神经网络，三层网络理论上就可以逼近任何非线性函数，因此选择包含一个隐层的三层网络。网络隐层神经元传递函数采用 Sigmoid 切函数，输出层神经元传递函数采用 Sigmoid 对数函数。神经网络的基本结构如图 4-16 所示。

实例风电场包含 58 台 850kW 型风电机组，总装机容量为 49.3MW。风电机组按 7 排×8 列排布，排间距为 400m，列间距为 600m。风电机组叶轮半径为 52m，轮毂高度为 44m。训练数据为 10 个月数值天气预报数据和风电场发电功率数据。取另一时间段的 2 个月数据用于模型测试。

隐层节点数会影响预测精度，经逐一筛选分析，当网络的隐层节点数为 19 时，训练样本误差最小，均方根误差(RMSE)为 6.9%；隐层节点数继续增加，出现过拟合现象，模型泛化能力变差，在检测集数据上的预测误差反而增大。对于 RBF 神经网络，选择高斯函数，采用自组织选取中心法进行神经网络的学习。最小二乘 SVM 的核函数选择高斯函数，训练算法选择最小二乘回归算法。

三种模型的训练时间如表 4-1 所示。可以看出，RBF 神经网络的训练时间最短，BP 神经网络次之，SVM 训练时间最长。数据量大小影响着模型的训练时间，但对不同模型的影响效果不同。随着数据量增大，BP 神经网络和 RBF 神经网络训练时间增加不大，而 SVM 训练时间增加较多。这主要是因为 SVM 学习过程需要的计算机内存较多，可通过提升计算机性能来解决。

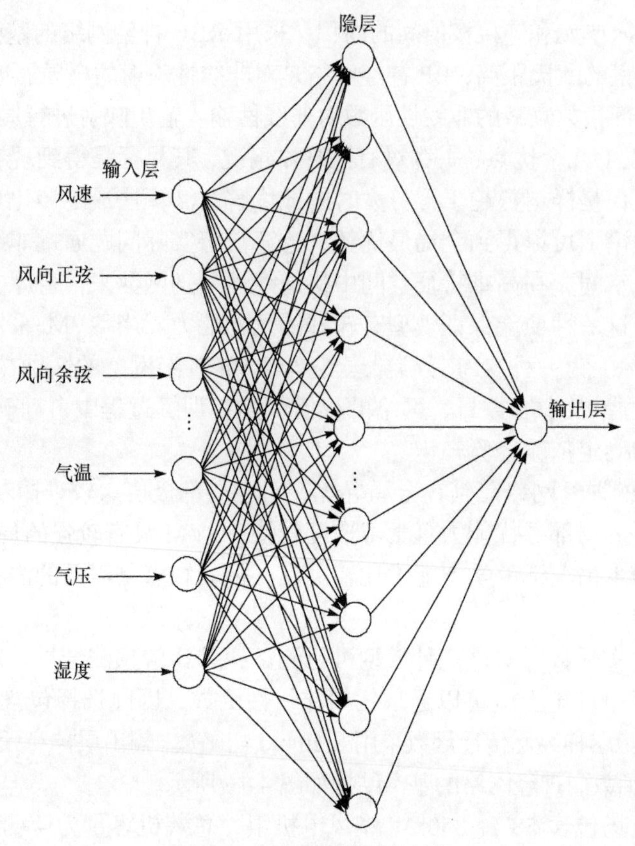

图 4-16　神经网络基本结构

表 4-1　三种模型的训练时间

模型	BP 神经网络	RBF 神经网络	SVM
训练时间/s	60	45	1920

由于目前风电功率预测系统一般采用“离线建模、模型封装、模型嵌入”的方式，算法学习速度不是预测模型取舍的关键指标。下面主要分析 SVM、RBF 神经网络和 BP 神经网络预测结果的差异。

经过对测试数据分析，BP 神经网络、RBF 神经网络、SVM 预测结果的均方根误差分别为 22.1%、21.6%、20.3%。从测试数据的预测结果来看，SVM 预测精度最高，RBF 神经网络预测精度次之，BP 神经网络预测精度最低，但三种方法的预测精度差异较小。图 4-17 是采用不同预测方法得到的一段 24h 的预测结果。图 4-18 是各预测方法对应图 4-17 各时刻的绝对误差曲线。可以看出，尽管 SVM 预测结果的绝对误差较低，但在某些预测点会出现较大的预测误差。

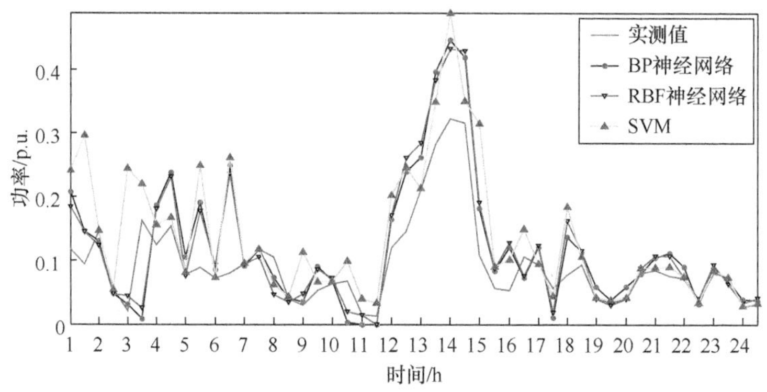

图 4-17　不同预测方法的风电场输出功率预测结果

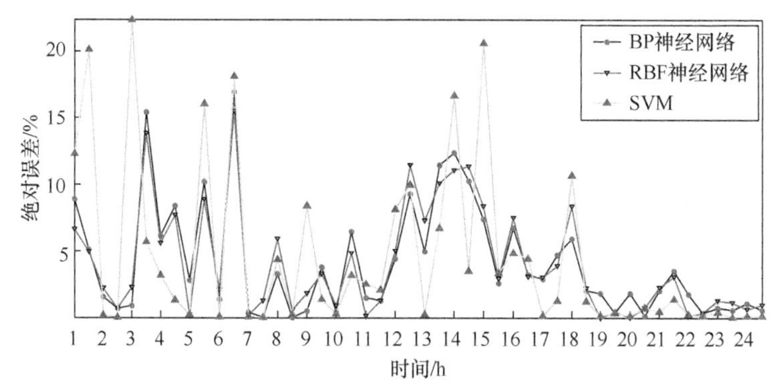

图 4-18　各预测方法对应的绝对误差

需要指出的是，预测结果既与预测方法的优劣有关，又受到风能资源波动特征及数据质量影响。在某一个风电场预测精度较高的算法，应用于另一个风电场时，不一定能得到较好的结果。另外，即使对于同一个风电场，某种方法在某一时段预测结果较优，在其他时段并不一定也能取得最优的预测结果。

4.8　风电功率组合预测方法

在工程应用中，同一个预测对象往往存在不同的预测结果。这些差异化的预测结果，有的是不同算法给出的，有的是采用不同模式的 NWP 数据训练获得的，有的是同一种算法、同一数据集在不同的参数配置下形成的。这些预测结果各有优劣，在不同的预测场景下呈现出各自的优势，而组合方法就是设计特定的组合策略实现不同预测结果的优化组合，以期获得更优的预测结果。本节将介绍工程中常用的两种组合预测方法，即集成平均组合预测方法和线性回归组合预测方法。

4.8.1 集成平均组合预测方法

集成平均组合预测方法是最简单的一种组合预测方法，在工程应用中较为普遍。集成平均组合预测的各个预测成员为不同预测模型的预测结果。t 时刻 n 个预测成员 $\left\{\hat{p}_{i,t}, i=1,2,\cdots,n\right\}$ 通过集成平均方法得到的组合预测结果为

$$\bar{\hat{p}}_t = \frac{\hat{p}_{1,t} + \hat{p}_{2,t} + \cdots + \hat{p}_{n,t}}{n} \tag{4-61}$$

以我国某总装机为 5100MW 的风电场群总功率数据进行实例分析，数据时间范围为 2017 年 6 月 15 日至 2018 年 7 月 1 日，时间分辨率为 15min，预测时间尺度为 15min～24h。4 个预测成员(p_1, p_2, p_3, p_4)的结果及集成平均结果 6 天的时间序列如图 4-19 所示。预测精度统计见表 4-2，统计的误差指标包括均方根误差(RMSE)、平均绝对误差(MAE)、相关性系数(correlation coefficient，CC)。

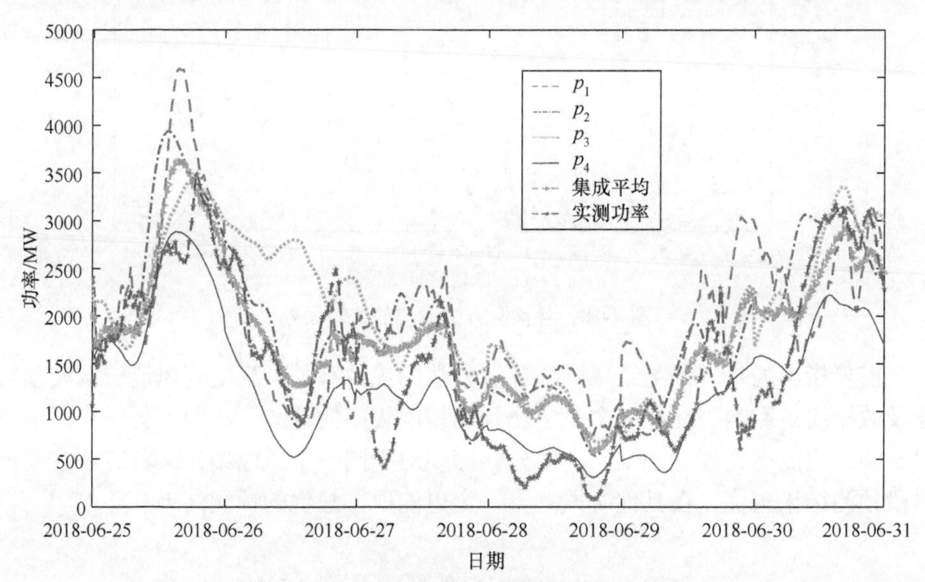

图 4-19 预测功率及实测功率时间序列图

表 4-2 预测精度统计

成员	RMSE/%	MAE/%	CC/%
p_1	11.0	8.7	80.7
p_2	8.7	7.0	90.6
p_3	11.3	8.6	78.6
p_4	12.1	9.4	91.4
集成平均组合预测	7.6	6.0	91.6

由图 4-19 和表 4-2 可知，不同预测成员的误差特性各异，通过集成平均组合预测能够融合不同预测成员的优点，提高预测精度。但集成平均组合预测方法只是对各成员简单地采用相同的权重，因此无法根据预测效果区分出各个预测成员对最终结果的贡献程度。

4.8.2　线性回归组合预测方法

线性回归组合预测方法求解的是以实测功率为目标变量、各预测成员为解释变量的线性回归问题：

$$\hat{p}_e = w_1\hat{p}_1 + \cdots + w_n\hat{p}_n + b \tag{4-62}$$

式中，$\hat{p}_e$ 是线性回归组合预测结果；$\hat{p}_i(i=1,2,\cdots,n)$ 是 n 个预测成员；$w_1,w_2,\cdots,w_n$ 是线性回归系数，也是各个预测成员的权重系数，反映了各预测成员对最终组合预测结果的贡献程度，通常在历史数据中表现好的预测成员权重系数会相对较高；b 为回归截距，用来修正预测整体的系统偏差。

线性回归系数可以通过离线历史数据预先计算确定，或者根据天气过程、预测时长等条件下风电功率的不同特性，训练不同的回归系数。随着运行数据的累积，还可以根据最新的运行数据实时修正和更新回归系数，实现组合预测中各预测成员权值的动态调整。

采用与 4.8.1 节相同的实例进行计算，集成平均组合预测和线性回归组合预测的风电功率时间序列对比如图 4-20 所示。预测精度结果如表 4-3 所示。

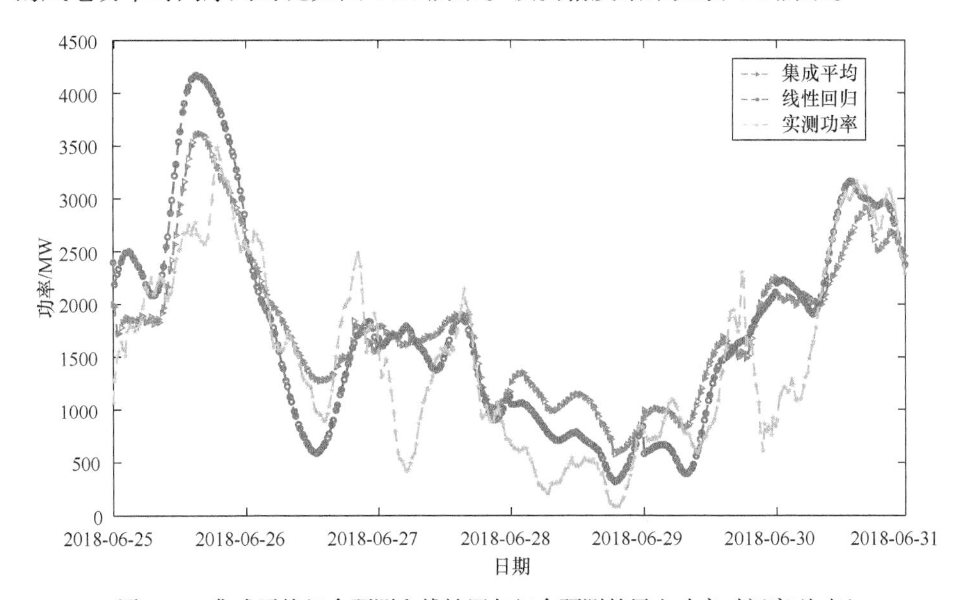

图 4-20　集成平均组合预测和线性回归组合预测的风电功率时间序列对比

表 4-3　预测精度比较

预测方法	RMSE/%	MAE/%	CC/%
线性回归组合预测	6.8	5.2	92.9
集成平均组合预测	7.6	6.0	91.6

根据表 4-3，由于线性回归组合预测方法根据各预测成员预测效果的优劣分配了不同的权重，因此相对于集成平均组合预测方法，在各项误差统计指标上均有了改善。

第 5 章　模式输出统计方法在风电功率预测中的应用

5.1　引　　言

部分风电场由于缺乏历史功率数据或数据完整性不足，采用统计预测方法进行预测，误差较大；而采用物理预测方法，由于边界层大气运动机理尚未完全认清，风电场地形及地表粗糙度扰动模拟出现偏差，从而影响预测精度。

通常而言，风电场在开工建设前都要进行一年以上的风能资源观测，以评价开发区域的风能资源状况、确定风电场装机容量等。借助风电场风能资源历史观测数据来提升风电功率预测精度应是一种可行路径。实际上，利用历史气象观测数据提升气象预报精度已得到广泛应用，其中，采用模式输出统计(model output statistics, MOS)，利用气象观测数据将 NWP 结果转变为反映局地天气信息的气象要素预报方法，即统计释用法，早已成为气象台站开展中、短期气象预报业务的最主要手段之一。

本章介绍 MOS 方法的基本原理，分析采用 MOS 方法提升功率预测精度的可行性，并给出适用于风电功率预测的 MOS 应用方案，结合实际风电场数据验证 MOS 方法对于改善风电功率预测精度的作用。

5.2　MOS 方法简介

MOS 是 1972 年由美国气象学家 Glahn 和 Lowry 提出的一种气象要素预报的动力统计方法，该方法将 NWP 结果与同时期天气要素的观测值建立相关关系，通过统计分析求得 MOS 预报方程，预报未来天气要素，实现对数值预报产品的统计释用。

MOS 是数值预报和统计预报相结合的预报方法，因此大部分数理统计方法都适用于 MOS。国内外研究机构对于各种统计方法在 MOS 中的应用进行了研究，黄嘉佑(1990)分析了基于逐段回归、权重回归、逐步回归及多元回归等统计方法的 MOS 在气象与气候预报中的应用。以上研究印证了各种统计方法在 MOS 应用中的适应性以及对预报结果的改善作用。相对而言，回归分析方法能够定量处理随机变量之间的相关关系，在 MOS 分析中的应用广泛。而气象预报中常考虑多个自变量(预报因子)与多个因变量(预报量)的关系，因此多元线性回归方法又是 MOS 分析中采用最多的统计方法。

对于应用于风电场预测风速修正的 MOS，如果将风速按照风向划分为不同的扇区，并在各扇区内对预测风速与观测风速分别进行回归分析，那么预测风速与观测风速之间就是一元对应关系，一元线性回归法适合于风电场预测风速的 MOS 分析。

为了评价测风数据的完整性与有效性，常采用一元线性回归法分析测风塔不同测风高度测风数据之间的线性相关性。图 5-1 为某测风塔 50m 和 70m 的测风数据散点图，显然这两组测风数据具有非常明显的线性相关性。如果认为测风塔位置的风速预测数据具有相当的准确性，那么同一高度的预测风速与观测风速也应具有明显的线性相关性，并可采用一元线性回归方法分析求取回归模型，修正预测风速。综上所述，MOS 应用于风电场功率预测时，可采用基于一元线性回归的统计分析方法。

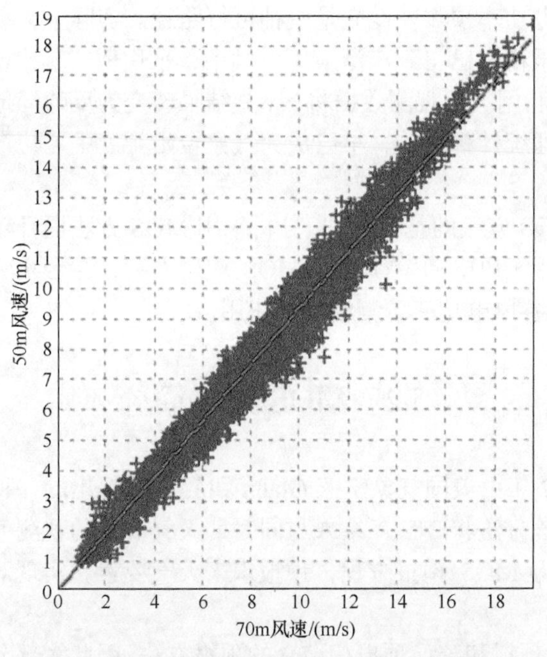

图 5-1　某测风塔 50m 和 70m 的测风数据散点图

5.2.1　相关与回归的基本概念

变量之间的关系一般可分为确定性关系与非确定性关系两种。确定性关系是指变量之间的关系可以用函数关系来表达，而非确定性关系是指变量之间存在密切的数量关系，但不能由一个(或几个)变量值精确求出另一个变量值，且在大量统计资料的基础上，可以判别这类变量之间的数量变化具有一定的规律性，即相关关系。对于相关关系，可采用统计的方法，在大量实验和观察中寻找隐藏在随机性后面的统计规律性，这种统计规律称为回归关系。有关回归关系的计算方法和理论通称为回归分析，主要研究某一个变量(因变量)与另一个或多个变量(自变量)间的依存关系，其目的在于根据已知的自变量值或固定的自变量值来估计和预测因变量。回归模型主要分为以下几类：

(1) 按模型中自变量的多少，分为一元回归模型和多元回归模型；

(2) 按模型中参数与因变量之间是否线性，分为线性回归模型和非线性回归模型。

因此，相关分析可看成是回归分析的基础和前提，变量之间只有具有了相关性才有必要进行回归分析，找出表现变量之间数量相关的具体形式，而回归分析又需要由相关分析来评价变量之间数量变化的相关程度。此外，相关分析只研究变量之间相关的方向和程度，不能推断变量之间相互关系的具体形式，也无法从一个变量的变化情况来推测另一个变量的变化情况。

5.2.2　一元线性回归的数学模型

一元回归处理的是两个变量之间的关系，即两个变量 x 与 y 间若存在一定的关系，则可通过实验，分析所得数据，找出反映两者之间联系的回归模型。假设两个变量之间的关系是线性的，那么它们就是一元线性回归分析所研究的对象。由图 5-1 可知，某测风塔 50m 与 70m 观测风速之间的关系可以基本看成线性关系，因此两者之间可假设具有以下关系式：

$$y = \beta x + \beta_0 + \varepsilon \tag{5-1}$$

式中，y 为 50m 风速，x 为 70m 风速；未知数 β 、β_0 与 x 无关；ε 表示的随机误差体现了除 x 以外各种因素对观测值的影响，一般假设它们是一组相互独立且服从同一正态分布 $N(0,\sigma)$ 的随机变量。

变量 x 可以是随机变量，也可以是一般变量，这里只讨论一般变量的情况，即认为 x 是可以精确测量或严格控制的变量。在上述条件下，变量 y 是服从正态分布 $N(\beta_0 + \beta x_\alpha, \sigma)$ 的随机变量，式(5-1)就是一元线性回归的数学模型。

5.2.3　参数最小二乘估计

如果假设参数 b_0 、b 分别是参数 β_0、β 的估计值，那么可得一元线性回归方程：

$$\hat{y} = bx + b_0 \tag{5-2}$$

式中，b_0、b 为回归方程的回归系数。

对于每一个 x_α，可由式(5-2)确定一个回归值 $\hat{y}_\alpha = bx_\alpha + b_0$，该回归值与实际观察值 y_α 的差 $y_\alpha - \hat{y}_\alpha = y_\alpha - b_0 - bx_\alpha$，刻画了 y_α 与回归直线 $\hat{y} = bx + b_0$ 的偏离程度。

显然，所有观察值 y_α 与回归值 $\hat{y}_\alpha$ 的偏离平方和刻画了全部观察值与回归直线的偏离程度：

$$Q(b_0,b) = \sum_{\alpha=1}^{N}(y_\alpha - \hat{y}_\alpha)^2 = \sum_{\alpha=1}^{N}(y_\alpha - b_0 - bx_\alpha)^2 \tag{5-3}$$

最小二乘法就是使 $Q(b_0,b)$ 最小来确定 b_0、b 的方法。由上所述，用最小二乘法得出的回归方程是这样一条直线，它与点(x_α, y_α)($\alpha = 1,2,\cdots,N$)的偏离是所有直线中最小的。

根据极值原理，回归系数 b_0、b 应是以下方程组的解：

$$\begin{cases} \dfrac{\partial Q}{\partial b} = -2\sum\limits_{\alpha}(y_\alpha - b_0 - bx_\alpha)x_\alpha = 0 \\ \dfrac{\partial Q}{\partial b_0} = -2\sum\limits_{\alpha}(y_\alpha - b_0 - bx_\alpha) = 0 \end{cases} \tag{5-4}$$

式中，$\sum\limits_{\alpha}$ 表示对 α 从 1 到 N 求和。

解方程组(5-4)，可得

$$\begin{cases} b = \dfrac{\sum\limits_{\alpha}x_\alpha y_\alpha - \dfrac{1}{N}\sum\limits_{\alpha}x_\alpha \sum\limits_{\alpha}y_\alpha}{\sum\limits_{\alpha}x_\alpha^2 - \dfrac{1}{N}(\sum\limits_{\alpha}x_\alpha)^2} \\ b_0 = \overline{y} - b\overline{x} \end{cases} \tag{5-5}$$

式中，$\overline{x} = \dfrac{1}{N}\sum\limits_{\alpha}x_\alpha$，$\overline{y} = \dfrac{1}{N}\sum\limits_{\alpha}y_\alpha$。

综上，根据给定的风速预测值与测量值，就可由式(5-5)求得采用最小二乘法估计所得的回归系数 b_0、b，并最终确定回归模型的表达式，用于预测风速修正。

5.2.4 相关性分析

相关性分析指两个变量之间相关程度的分析方法，主要通过相关性系数来度量变量间的相关程度。随机变量 x、y 的相关性系数定义为

$$r = \frac{E\{[x - E(x)][y - E(y)]\}}{\sqrt{D(x)}\sqrt{D(y)}} = \frac{\operatorname{cov}(x,y)}{\sqrt{D(x)}\sqrt{D(y)}} \tag{5-6}$$

式中，$E(x)$、$E(y)$ 分别为随机变量 x、y 的期望；$D(x)$、$D(y)$ 分别为随机变量

x、y 的方差；$\mathrm{cov}(x,y)$ 为随机变量 x、y 的协方差。

若样本数据用 x_i、y_i 表示，则式(5-6)变为

$$r = \frac{\sum (x_i - \overline{x})(x_i - \overline{y})}{\sqrt{\sum (x_i - \overline{x})^2 \sum (y_i - \overline{y})^2}} \tag{5-7}$$

r 具有以下性质：

(1) 取值范围在−1 和+1 之间，即 $-1 \leqslant r \leqslant +1$；当$|r|$较大时，$x$ 与 y 的线性相关程度较好，当$|r|$较小时，x 与 y 的线性相关程度较差。

(2) 相关性质是对称的，x 与 y 的相关性系数 r_{xy} 和 y 与 x 的相关性系数 r_{yx} 相同，都是 r。

5.3　MOS 改进物理预测方法

5.3.1　风电场功率曲线求取

数值预报产品的统计释用可理解为依据观测数据修正预报数据的过程。根据风电功率物理预测方法的基本原理，如果风电机组位置有历史风速、风向观测数据可利用，那么就可参考气象预报中数值预报产品统计释用的思路，采用 MOS 方法修正预测风速、风向，最终提高功率预测精度。然而，实际工程中，除了测风塔位置外，新建风电场其他位置很少有历史风能资源观测数据可用或历史观测数据不足，如果仍按照原有的功率预测思路，先求每台风电机组的预测风速、风向数据再获得预测功率，则会因风电机组位置缺乏历史观测数据而无法应用 MOS。因此，为了满足 MOS 应用的要求，需要基于物理预测方法的思路，采用风电场功率曲线进行风电功率预测。基于该方法，只要获得与测风塔位置对应的风电场功率曲线，就可根据测风塔位置历史观测数据与同时段预测风数据的相关性分析，求出 MOS 预报方程，并利用预报方程修正预测风数据，再由修正后的预测风速、风向以及与测风塔位置对应的风电场功率曲线得到风电场的预测功率。

由前所述，风电场功率物理预测方法的前提是对风电机组位置风速、风向的预测，而根据地转拖曳定律求得的地转风是联系 NWP 风数据与预测风数据的桥梁，如果能够由测风塔测风数据求得风电场区域的地转风，那么也可通过地转风建立测风塔风速、风向与风电机组位置风速、风向的联系。然而，测风塔测风数据都是经地形、粗糙度等风电场局地效应影响后的测量结果，显然不能直接用于地转拖曳定律。反之，如果在测风塔测风数据中去除粗糙度变化增速因子和地形变化增速因子的作用，则可获得不受地形与粗糙度影响的未受扰风数据，对未受扰风数据应用地转拖曳定律求得地转风，得到了地转风，就可采用物理预测方法

的相同思路，求得各风电机组位置的风速、风向，再结合尾流模型以及风电机组功率曲线，得到与测风塔测风数据对应的各风电机组的输出功率以及风电场的输出功率。由测风塔测风数据求取风电场输出功率的框图如图 5-2 所示。

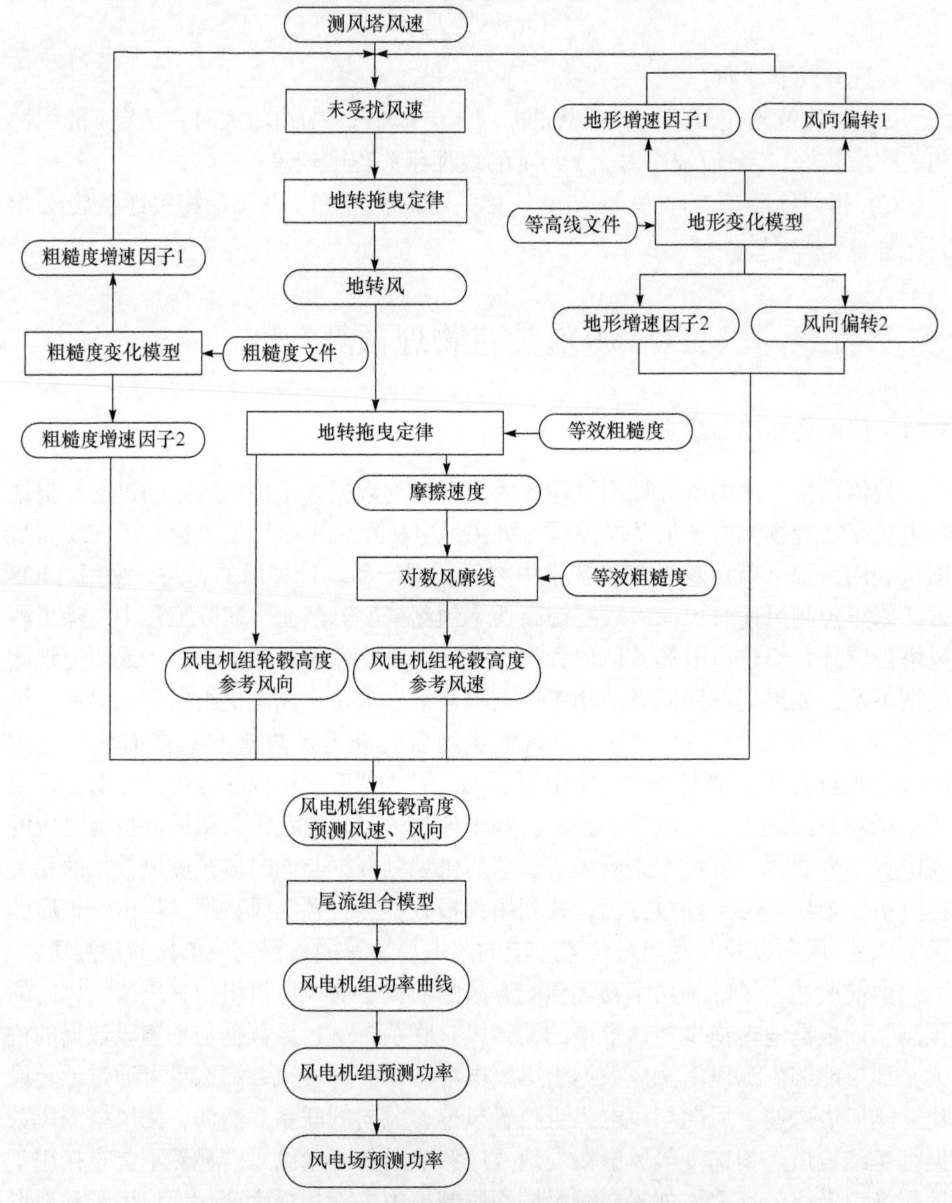

图 5-2　由测风塔测风数据求取风电场输出功率框图

由以上分析可知，风电场功率曲线实质上反映了风电机组与测风塔之间因地形、粗糙度等局地效应以及风电机组尾流效应的影响而产生的风速、风向分布的差异。对于风电机组位置与测风塔位置都确定的风电场，地形、粗糙度、尾流效应的影响在一定时间内是基本恒定的，那么对应的风电场的功率曲线也应是唯一的。

如果风电机组的功率曲线已知，则可人为假定测风塔测风数据在某扇区内由切入风速到切出风速之间按照给定步长变化，按照图 5-2 的分析方法可得到测风塔风速从切入到切出变化时对应的风电场输出功率。对每一个扇区都进行以上分析，就可得到不同扇区下，测风塔风速从切入风速变化到切出风速时风电场的输出功率，即不同扇区下的风电场功率曲线。

对于测风塔位置某时刻的 NWP 预测风数据，可由预测风向确定风电场功率曲线所在的扇区，再由预测风速查找风电场功率曲线，确定风电场的输出功率，最终实现由预测测风塔位置风速、风向转化为预测风电场的输出功率。

5.3.2　MOS 改进物理预测方法的计算步骤

用 MOS 改进物理预测方法时，需对物理预测方法进行以下修改：由预测风电机组位置的风速、风向转变为预测测风塔位置的风速、风向，并通过风电场功率曲线实现对风电场输出功率的预测。显然，采用风电场功率曲线进行功率预测时，测风塔位置风速、风向预测结果的准确性将是影响功率预测精度的最重要因素，此时通过 MOS，利用测风塔位置历史风能资源观测数据，对测风塔位置的预测风数据进行修正就具有了重要的现实意义。

综上，MOS 改进物理预测方法的计算步骤如下：

(1) 获取与测风塔测风数据同时段的测风塔位置的风速、风向预测值；

(2) 分析测风塔测风数据与预测数据的相关性，其中，为了精确分析实测数据与预测数据的相关性，防止产生系统性偏差，将实测数据与预测数据以 1°为基准划分为 360 个扇区，在每个扇区内分析两组数据的相关性；

(3) 若测风数据与预测数据的相关性较高，则采用一元线性回归法求取回归模型，其中，参数估计采用最小二乘法；

(4) 将回归模型应用于修正测风塔位置风速、风向预测值；

(5) 将修正后的预测风数据应用于与测风塔相对应的风电场功率曲线，由预测风向确定风电场功率曲线所在扇区，应用预测风速查找功率曲线，确定风电场输出功率，最终实现对风电场输出功率的预测。

实现以上步骤的流程图如图 5-3 所示。

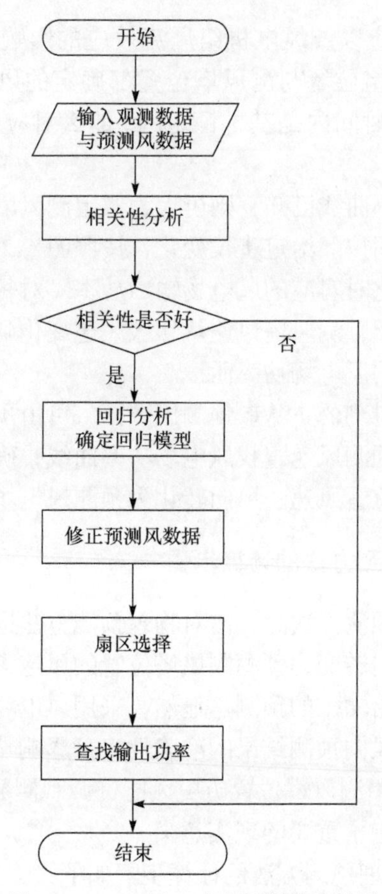

图 5-3 MOS 用于功率预测的流程图

5.3.3 实例分析

1. 数据条件

此处风电场采用第 3 章物理预测方法实例分析中的风电场。实例风电场共两座测风塔，距离场站中心分别为 4km 和 3km，测风塔地理位置如图 5-4 所示：其中 1#测风塔测风时间为 2015 年 6 月 8 日～2017 年 12 月 3 日，2#测风塔测风时间为 2017 年 1 月 1 日～5 月 10 日。经数据检验后发现，2#测风塔数据完整，无明显缺测和不合理数据，故选择 2#测风塔为测试风塔。NWP 数据选择与 2#测风塔观测数据同时段的数据。

2. 风电场功率曲线求取

实例风电场采用 850kW 变速恒频风电机组，轮毂高度为 65m，叶轮直径为 58m。风电机组功率曲线与推力曲线如图 5-5 所示。

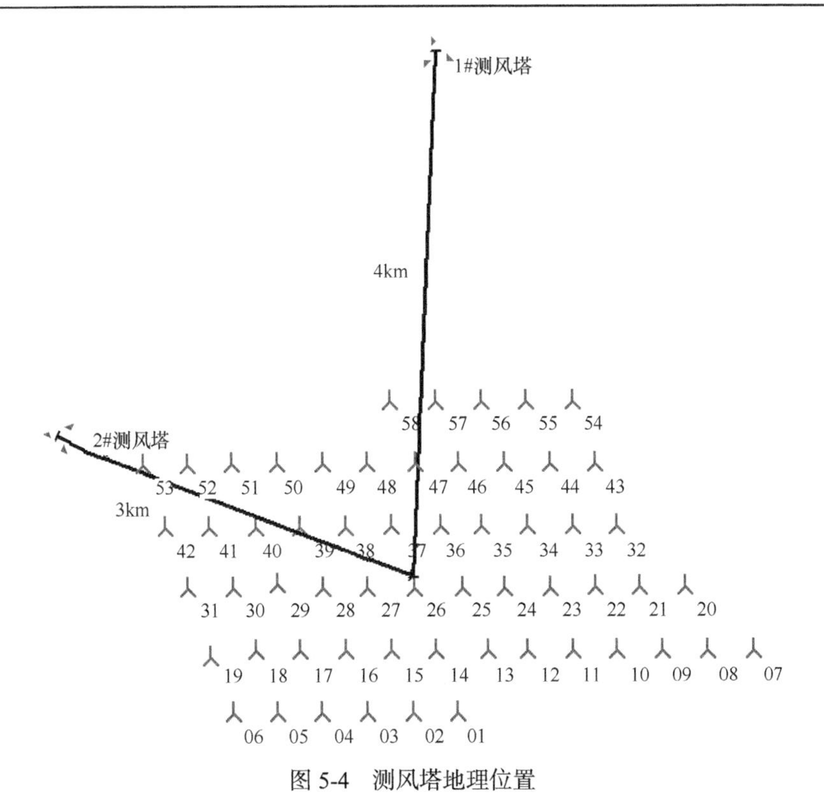

图 5-4　测风塔地理位置

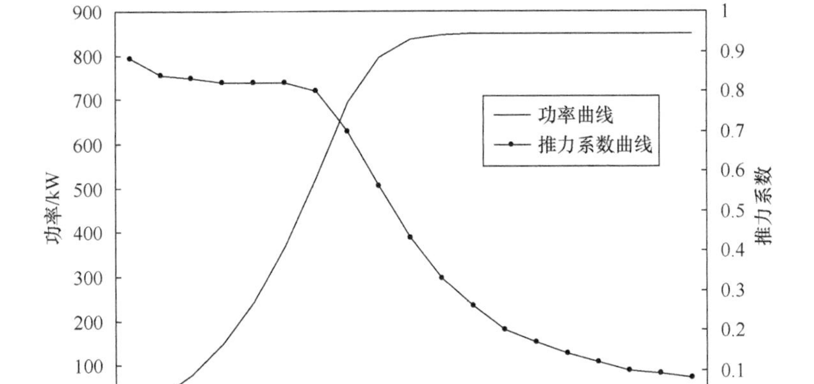

图 5-5　风电机组功率与推力曲线

假定测风塔风速在每个扇区内从切入风速 3m/s 按照步长 0.1m/s 变化到切出风速 25m/s，由功率曲线求取原则可得以 2#测风塔为参考位置的风电场功率曲线。

3. 风速数据相关性分析

根据相关性分析原则，将预测风数据与实测风数据以1°为基准划分为360个扇区，在每个扇区内由式(5-7)分析两组数据的相关性，分析结果如图5-6所示。

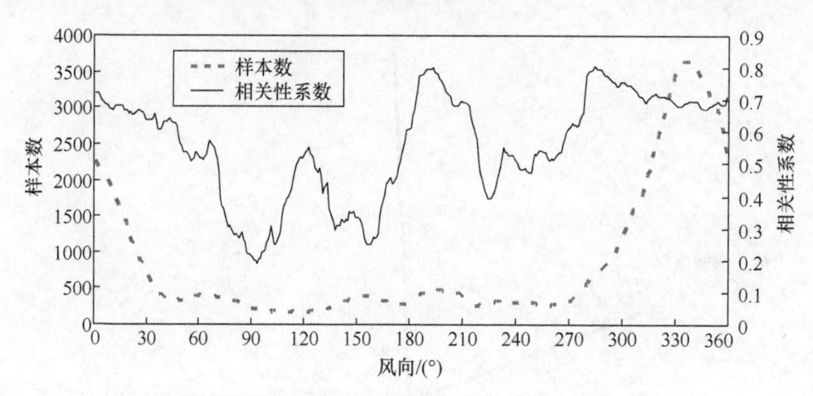

图5-6 预测数据与实测数据相关性分析结果

图5-6中，两组数据在主导风向(此处由每个扇区内的样本数表示)上的相关性较好，相关性系数普遍在0.7以上；相关性较差的扇区均为非主导风向，风向频率均小于5%，样本数小于500。当样本数较小时，由式(5-7)求得的相关性系数并不具备统计规律性。因此，可认为非主导风向上预测风速与实测风速相关性较差的原因主要是样本数较少。

4. 风速数据回归分析

对预测风数据与实测风数据在每个扇区内进行一元线性回归分析，并由最小二乘法求得回归参数，确定回归模型。图5-7为主导风向330°扇区、非主导风向90°扇区的样本散点图与一元线性回归模型。

5. 功率预测结果分析

采用2017年1月1日～5月10日的测风塔实测风数据与测风塔位置预测风数据建立MOS预报方程，再将MOS预报方程应用于2017年5月11日～12月31日的预测风速修正，最后将未经MOS修正以及经过MOS修正后的预测风速分别用于功率物理预测，分析MOS对物理预测方法的改进作用。

图5-8～图5-10为风电场典型出力方式下的实测功率、原始物理方法预测功率与MOS修正后的物理方法预测功率的结果比较。显然，经MOS修正后的功率物理预测精度相对于原始功率物理预测精度有了明显的提高。

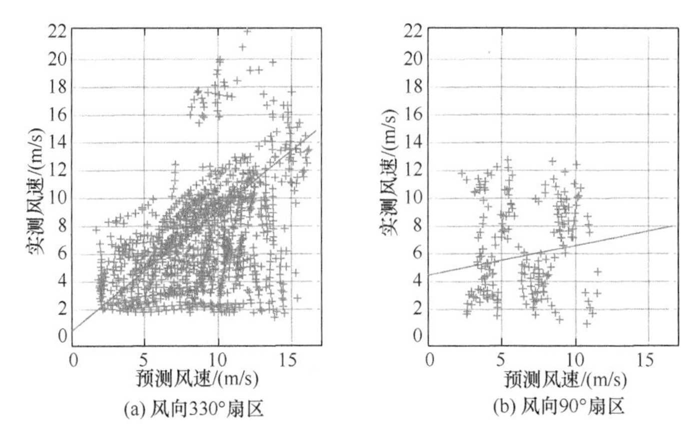

图 5-7　样本散点图与一元线性回归模型

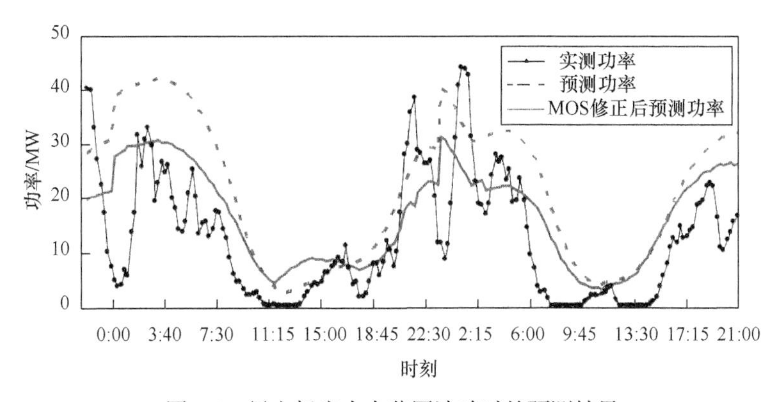

图 5-8　风电场出力大范围波动时的预测结果

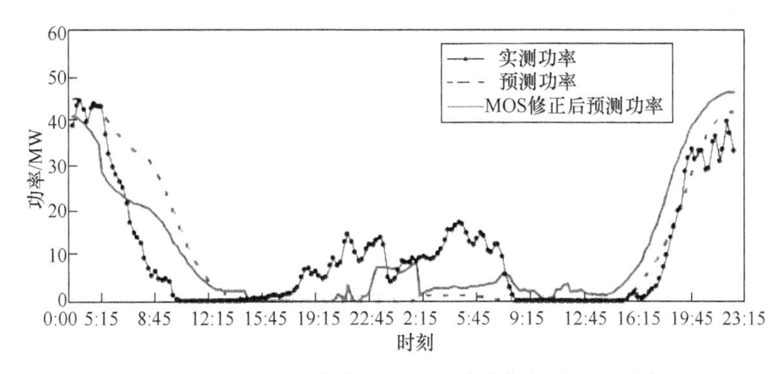

图 5-9　风电场出力从满发到不发再到满发时的预测结果

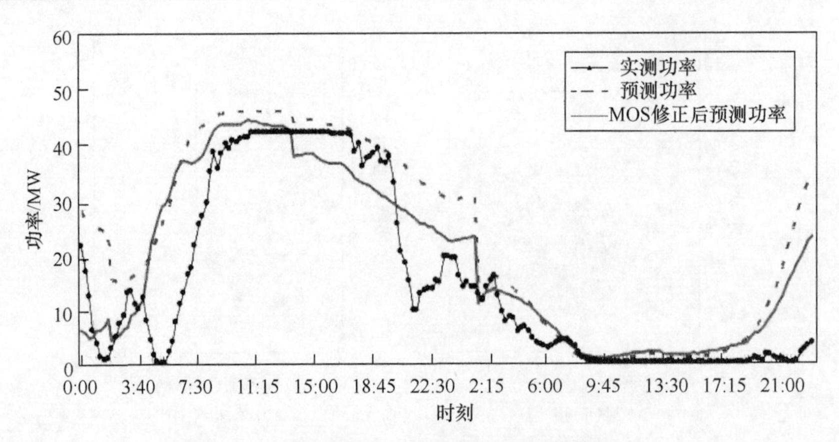

图 5-10 风电场出力从满发到不发时的预测结果

2017 年 5 月 11 日～12 月 31 日的预测误差统计比较如表 5-1 所示。MOS 修正后的功率物理预测与原始功率物理预测的误差直方图如图 5-11 和图 5-12所示。

表 5-1 预测误差统计比较

误差统计项	功率预测误差	
	MOS 修正后	未经 MOS 修正
平均绝对误差/MW	8.04	9.51
均方根误差/MW	10.75	12.97
平均绝对误差/%	16.3	19.3
均方根误差/%	21.8	26.3

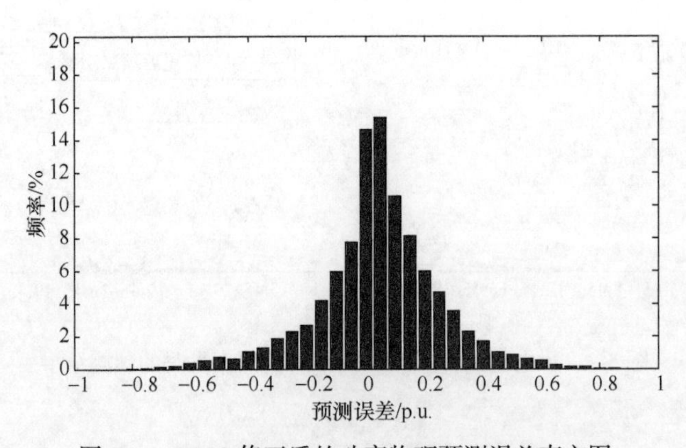

图 5-11 MOS 修正后的功率物理预测误差直方图

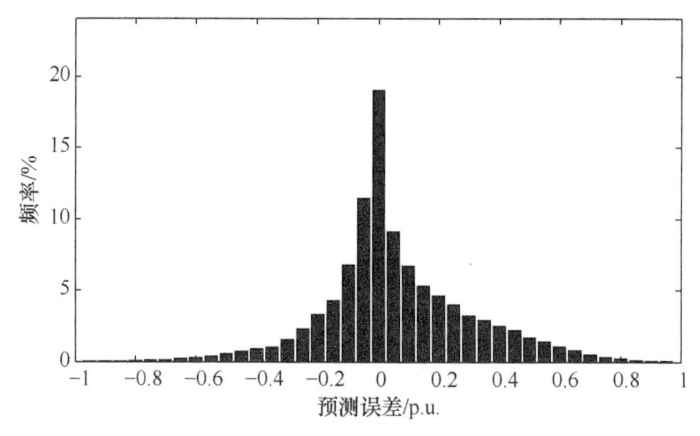

图 5-12　原始功率物理预测误差直方图

由表 5-1 可知，经 MOS 修正后，预测结果的均方根误差降低 4.5 个百分点，平均绝对误差降低 3 个百分点。由图 5-11 和图 5-12 可知，经 MOS 修正后，预测误差大于装机容量 50%的预测点的数量得到了显著降低，而预测误差在装机容量 20%以内的预测点的数量有所增加。以上都表明，MOS 方法对于物理预测方法有明显的改进作用。

5.4　MOS 改进统计预测方法

对于风电功率统计预测方法，MOS 方法也有改进作用。其应用思路为：根据给定时段的风电场测风塔风速、风向历史观测数据与同时段 NWP 风速、风向历史数据建立 MOS 预报方程，再将 MOS 预报方程用于修正该时段 NWP 历史风速数据，最后将修正后的 NWP 历史风速数据应用于统计预测模型进行训练。此外，为保证 NWP 数据的一致性，NWP 实时预报风速数据在输入预测模型前也需要用 MOS 预报方程进行修正。MOS 预报方程的建立过程与 5.3 节一致，此处不再详细介绍，直接给出应用实例验证其效果。

选用我国华南某地沿海风电场进行实例分析。风电场装机容量为 42MW，测风塔记录了 10m 高度和 70m 高度的风速、风向数据，数据时间范围为 2014 年 12 月 1 日～2015 年 12 月 1 日。利用 2014 年 12 月 1 日～2015 年 9 月 1 日的测风数据和同时段 NWP 历史预报风速，采用一元线性回归建立 MOS 模型，同时分别利用 MOS 修正前后的 NWP 数据训练基于 BP 神经网络的统计预测模型。2015 年 9 月 1 日～2015 年 12 月 1 日的数据用于验证功率预测效果，不参与统计模型的训练。

图 5-13 给出了 10m 高度观测风速和预测风速的时间序列。可见，两组序列的变化趋势基本一致，存在着较强相关性；但数值上预测风速相对于观测风速普

遍偏大，观测风速序列的波动更剧烈，而预测风速序列更平滑，高频信号较小。图 5-14 根据风向平均划分为 12 个扇区，分别绘制各扇区预测风速和观测风速的散点图，不同风向区间样本数量并不一致，但均呈现了明显的相关性。70m 高度的风速数据情况与 10m 高度的风速数据情况相似，此处不再介绍。

按照图 5-14 中的 12 个风向扇区分别建立 MOS 模型对风速进行修正，由于观测数据的限制，仅修正了 10m 高度风速和 70m 高度风速两个变量，MOS 修正的方法与物理预测方法一致。

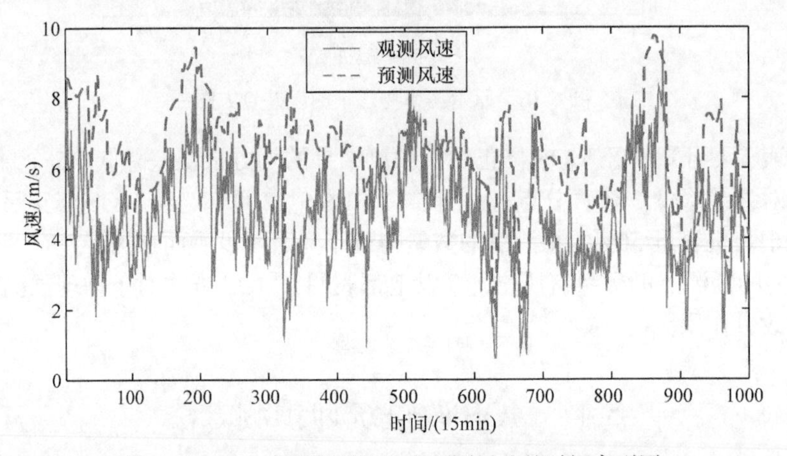

图 5-13　10m 高度观测风速和预测风速的时间序列图

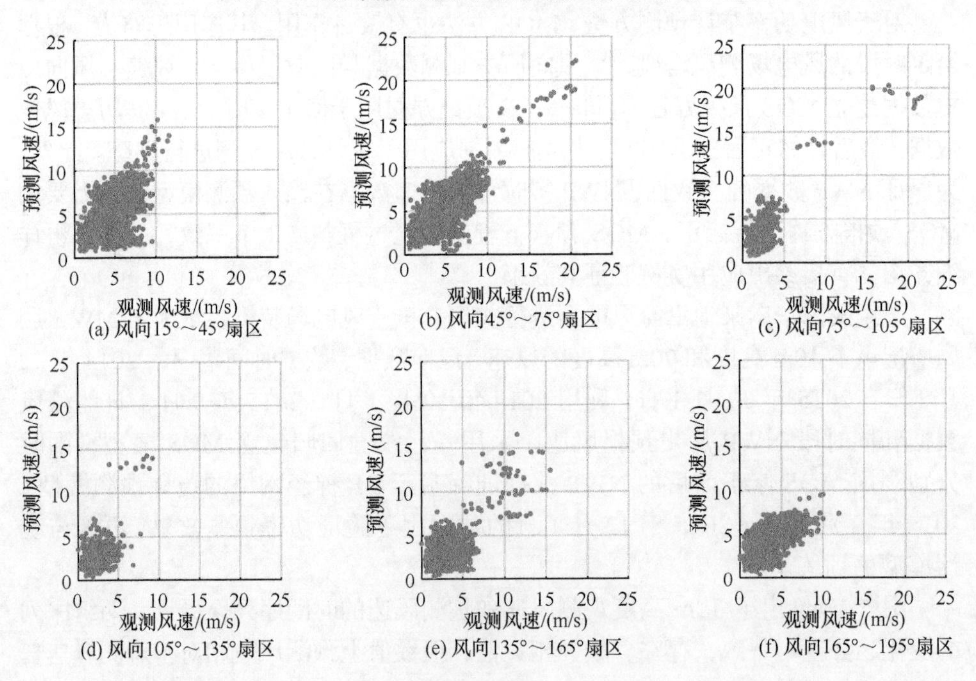

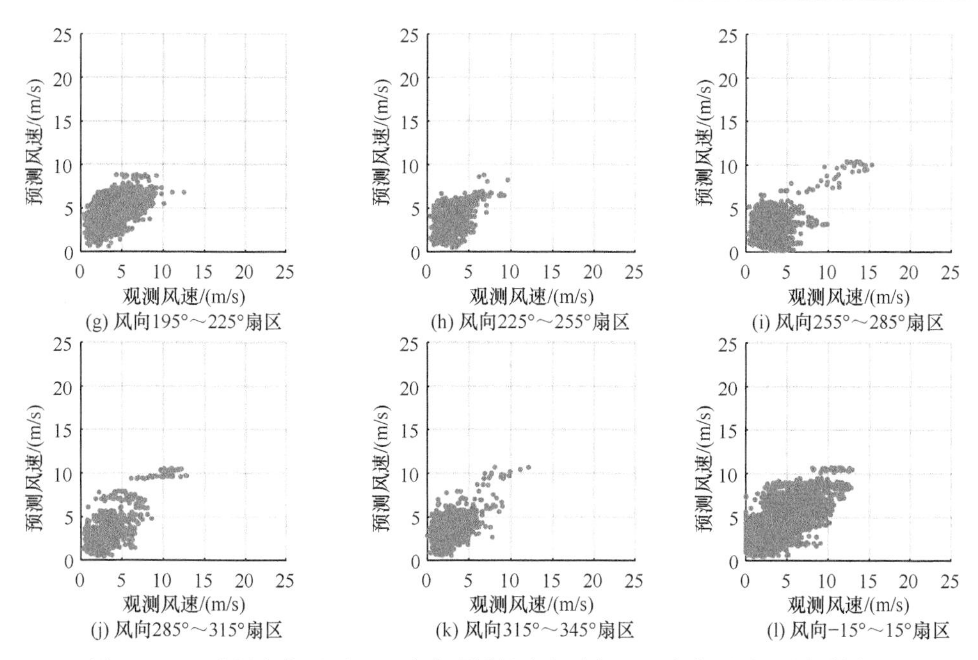

图 5-14　12 个风向扇区下 10m 高度观测风速和对应 10m 高度预测风速的散点图

分别采用经过 MOS 修正的 NWP 数据和未经 MOS 修正的 NWP 数据进行功率预测。图 5-15 为截取的一段风电功率预测结果序列图。可见，MOS 方法修正了预测风速的一部分系统性偏差，但对于 NWP 捕捉不到的波动细节，例如图中前 50 个点的实测功率剧烈频繁波动现象，MOS 也难以进行有效的修正。

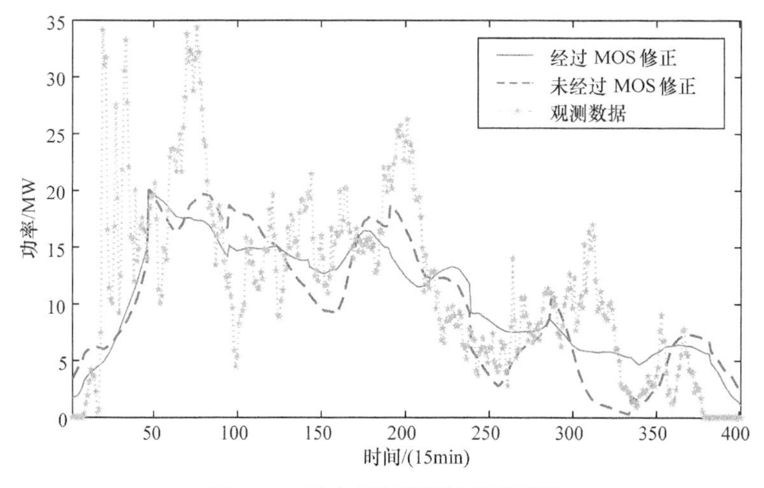

图 5-15　风电功率预测结果序列图

表 5-2 统计了两种情况下的功率预测误差指标，经过 MOS 修正的功率预测

效果得到了明显的改进。两种情况下的预测误差直方图见图 5-16。

表 5-2 NWP 数据功率预测误差统计比较

误差统计项	功率预测误差	
	MOS 修正	未经 MOS 修正
平均绝对误差/MW	3.30	5.45
均方根误差/MW	5.12	6.77
平均绝对误差/%	7.86	12.94
均方根误差/%	12.19	16.11

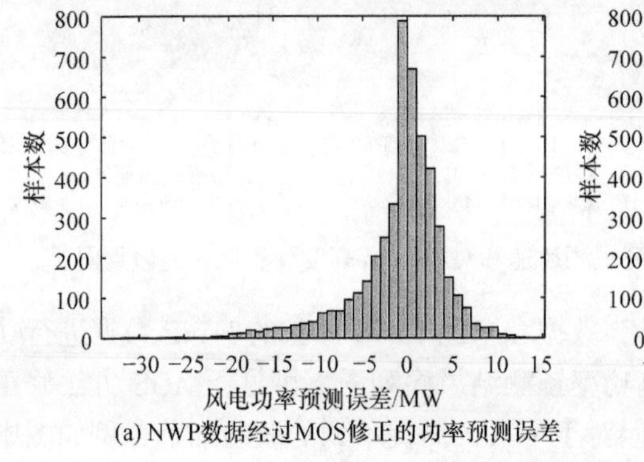

(a) NWP数据经过MOS修正的功率预测误差

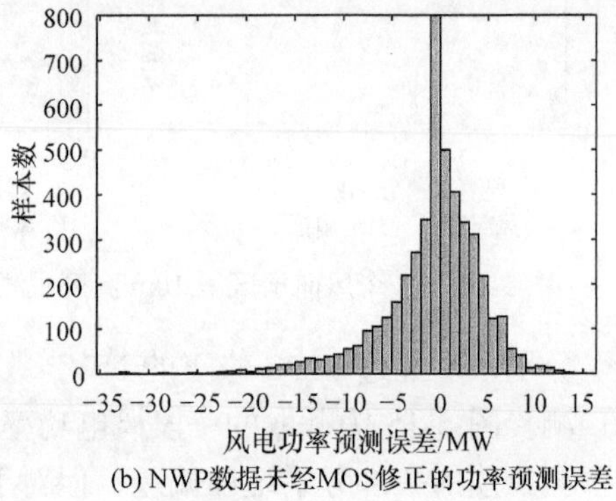

(b) NWP数据未经MOS修正的功率预测误差

图 5-16 风电功率预测误差直方图对比

第 6 章　风电功率预测误差

6.1　引　　言

风电功率预测受到多种因素的影响，将不可避免地产生预测误差，即风预测功率与实测功率之间的偏差。给定预测功率和实测功率的时间序列，每个时刻都可以计算出一个预测误差。但通过计算每个时刻的预测误差来评估预测效果并不方便，因此，研究人员提出了一系列标量化的评价指标，以评价指标的数值大小评估不同预测结果的优劣。

由于各种评价指标的侧重点和物理意义不同，单个评价指标只能反映出预测结果在某方面的缺陷，为了综合评价预测效果，通过多个误差统计指标，从不同角度评价预测效果是目前的主流方法。除了分析预测评价指标，对于预测误差的分布特性和产生机理的分析也是研究改进风电功率预测效果的有效途径。

本章介绍国内外风电功率确定性预测结果的主要评价指标，并结合不同地形条件、气候类型的风电场预测结果，分析预测误差的分布特征。结合物理预测方法和统计预测方法特点，分析误差产生的原因，给出主要误差源，为改进预测方法提供参考。

6.2　确定性功率预测结果评价指标

根据国内外的相关标准，常用的确定性功率预测结果评价指标包括均方根误差、准确率、合格率、平均绝对误差、相关系数、最大预测误差、最大误差率、95%分位数偏差等。

1) 均方根误差

均方根误差 E_{rmse} 是最常见的预测误差评价指标，可以从整体上评价风电功率预测模型的性能，其计算表达式为

$$E_{\mathrm{rmse}} = \sqrt{\frac{1}{n}\sum_{i=1}^{n}\left(\frac{P_{\mathrm{M},i} - P_{\mathrm{P},i}}{C_i}\right)^2} \tag{6-1}$$

式中，$P_{\mathrm{M},i}$ 为 i 时刻的风电场实测功率，MW；$P_{\mathrm{P},i}$ 为 i 时刻的预测功率，MW；n 为所有样本的个数；C_i 为 i 时刻的风电场开机容量，MW。

均方根误差 E_{rmse} 可分解为平均偏差 E_{bias}、横向误差 E_{disp} 和纵向误差 E_{sdbias} 三个部分：

$$\begin{aligned} E_{\mathrm{rmse}}^2 &= E_{\mathrm{bias}}^2 + E_{\mathrm{sde}}^2 \\ &= E_{\mathrm{bias}}^2 + E_{\mathrm{sdbias}}^2 + E_{\mathrm{disp}}^2 \end{aligned} \tag{6-2}$$

给定 i 时刻的预测误差为 $\varepsilon_i = P_{\mathrm{P},i} - P_{\mathrm{M},i}$，则有

$$E_{\mathrm{bias}} = \overline{\varepsilon} = \frac{1}{n}\sum_{i=1}^{n}\varepsilon_i \tag{6-3}$$

$$E_{\mathrm{sde}} = \sigma(\varepsilon) = \sqrt{\frac{1}{n}\sum_{i=1}^{n}\left(\varepsilon_i - \overline{\varepsilon}\right)^2} \tag{6-4}$$

$$E_{\mathrm{sdbias}} = \sigma(P_{\mathrm{P}}) - \sigma(P_{\mathrm{M}}) = \sqrt{\frac{1}{n}\sum_{i=1}^{n}\left(P_{\mathrm{P},i} - \overline{P}_{\mathrm{P}}\right)^2} - \sqrt{\frac{1}{n}\sum_{i=1}^{n}\left(P_{\mathrm{M},i} - \overline{P}_{\mathrm{M}}\right)^2} \tag{6-5}$$

$$E_{\mathrm{disp}} = \sqrt{2\sigma(P_{\mathrm{P}})\sigma(P_{\mathrm{M}})(1-r)} \tag{6-6}$$

式中，$\overline{P}_{\mathrm{M}}$ 为实测功率样本的平均值；$\overline{P}_{\mathrm{P}}$ 为预测功率样本的平均值；E_{bias} 为平均误差，它反映预测的系统误差；E_{sde} 为预测误差的标准偏差，它由横向误差和纵向误差组成；E_{sdbias} 表征系统的纵向误差，主要描述预测结果在竖直方向上与实际结果的差别；E_{disp} 表征系统的横向误差，主要描述预测结果在水平时间轴上与实际结果的差别，直观表现为预测序列的超前和滞后；r 为实测功率序列 P_{M} 与预测功率序列 P_{P} 的线性相关系数。

预测误差中的横向误差和纵向误差如图 6-1 所示。其中，纵向误差主要描述给定时段的预测结果在垂直功率轴方向上与实测结果的偏差，可以用偏大或偏小描述；横向误差主要描述给定时段的预测结果在水平时间轴上与实测结果的偏差，可以用预测功率相对于实测功率峰值、谷值的超前或滞后来描述(徐曼等，2011)。

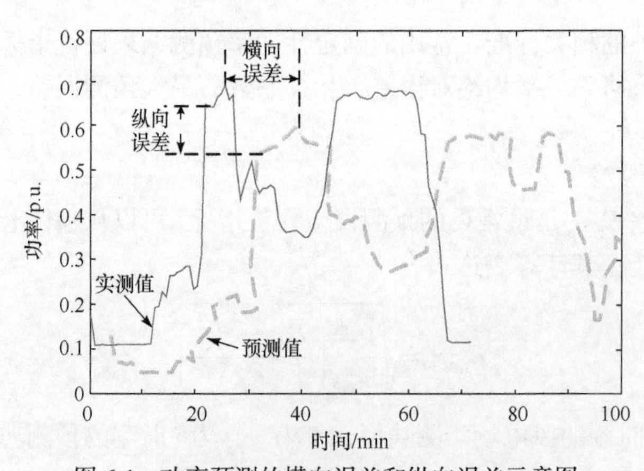

图 6-1　功率预测的横向误差和纵向误差示意图

2) 准确率

准确率 C_R 通过均方根误差获得，其计算表达式为

$$C_R = (1 - E_{rmse}) \times 100\% \tag{6-7}$$

3) 合格率

合格率 Q_R 主要体现预测偏差对系统运行的影响，一般以装机容量的 25%作为评判标准。合格率是评价预测结果可用性的重要指标，其计算表达式如下：

$$Q_R = \frac{1}{n}\sum_{i=1}^{n} B_i \times 100\%$$

$$B_i = \begin{cases} 1, & \dfrac{\left|P_{P,i} - P_{M,i}\right|}{C_i} < T \\ 0, & \dfrac{\left|P_{P,i} - P_{M,i}\right|}{C_i} \geqslant T \end{cases} \tag{6-8}$$

式中，B_i 代表 i 时刻预测绝对误差是否合格，合格为 1，不合格为 0；T 为判定阈值，依各电网实际情况确定，一般不大于 0.25。

4) 平均绝对误差

平均绝对误差 E_{mae} 与均方根误差 E_{rmse} 相似，也可用于评价风电预测结果的整体误差状态，但平均绝对误差对影响较大的小概率大误差敏感性不强，其计算表达式如下：

$$E_{mae} = \frac{1}{n}\sum_{i=1}^{n}\left|\frac{P_{M,i} - P_{P,i}}{C_i}\right| \tag{6-9}$$

5) 相关系数

相关系数 r 能够反映预测功率与实测功率波动趋势的相关程度，其计算表达式如下：

$$r = \frac{\sum_{i=1}^{n}\left[\left(P_{M,i} - \overline{P}_M\right)\left(P_{P,i} - \overline{P}_P\right)\right]}{\sqrt{\sum_{i=1}^{n}\left(P_{M,i} - \overline{P}_M\right)^2 \sum_{i=1}^{n}\left(P_{P,i} - \overline{P}_P\right)^2}} \tag{6-10}$$

式中，$\overline{P}_M$ 为所有实测功率数据样本的平均值，MW；$\overline{P}_P$ 为所有预测功率数据样本的平均值，MW。

6) 最大预测误差

最大预测误差 δ_{max} 主要反映功率预测单点的最大偏离情况，其计算表达式如下：

$$\delta_{max} = \max\left(\left|P_{M,i} - P_{P,i}\right|\right) \tag{6-11}$$

7) 最大误差率

最大误差率 E_{ex} 是最大预测误差 δ_{max} 经过风电开机容量 C_i 标幺化的百分比值，其计算表达式如下：

$$E_{ex} = \max\left(\frac{\left|P_{M,i} - P_{P,i}\right|}{C_i}\right) \times 100\% \tag{6-12}$$

8) 95%分位数偏差率

95%分位数偏差率包括 95%分位数正偏差率和 95%分位数负偏差率。95%分位数正偏差率指将评价时段内点预测正偏差率由小到大排列，选取位于第 95%位置处的点预测正偏差率 P_{p95}，计算表达式如下：

$$\begin{cases} E_i = \dfrac{P_{P,i} - P_{M,i}}{C_i} \geqslant 0, & i = 1,2,\cdots,n \\ E_j = \text{sortp}(E_i), & j = 1,2,\cdots,n \\ P_{p95} = E_j, & j = \text{INT}(0.95n) \end{cases} \tag{6-13}$$

95%分位数负偏差率指将评价时段内点预测负偏差率由大到小排列，选取位于第 95%位置处的点预测负偏差率 P_{n95}，计算表达式如下：

$$\begin{cases} E_i = \dfrac{P_{P,i} - P_{M,i}}{C_i} \leqslant 0, & i = 1,2,\cdots,n' \\ E_j = \text{sortn}(E_i), & j = 1,2,\cdots,n' \\ P_{n95} = E_j, & j = \text{INT}(0.95n') \end{cases} \tag{6-14}$$

式(6-13)、式(6-14)中，E_i 为 i 时刻预测偏差率；E_j 为排序后的点预测偏差率；sortp()为由小到大排序函数，sortn()为由大到小排序函数，INT() 为取整函数；n 和 n' 分别为评价时段内的正偏差样本数和负偏差样本数，一般应不少于 1 年的同期数据样本数。

6.3 预测误差的分布特征

本节以我国三个实际风电场数据分析风电功率预测误差的分布特性，以 F1、F2 和 F3 分别代表这三个风电场。其中，F1 风电场位于华东沿海地区，地形相对简单，以平原性地貌为主，且受气候影响因素比较单一；F2 风电场位于东北地区，地形较为复杂，处于海洋性气候与大陆性气候相互作用区域；F3 风电场位于西北地区，地形复杂，主要受大陆性气候影响，数值天气预报的难度最大。这三个风电场基本代表了我国风电场的地理分布特征，误差分析结论具有普遍性。表 6-1

为三个风电场的相关数据说明。

表 6-1　风电场预测数据信息

风电场	装机容量/MW	预测起始时间	预测结束时间	有效数据/个	预测均方根误差
F1	200	2010-01-01	2011-01-03	33716	0.13
F2	98.8	2010-11-08	2011-11-17	33785	0.17
F3	110	2010-06-11	2011-08-24	37862	0.20

6.3.1　预测误差总体分布

三个风电场实测功率序列与预测功率序列频率分布对比图，如图 6-2～图 6-4 所示。

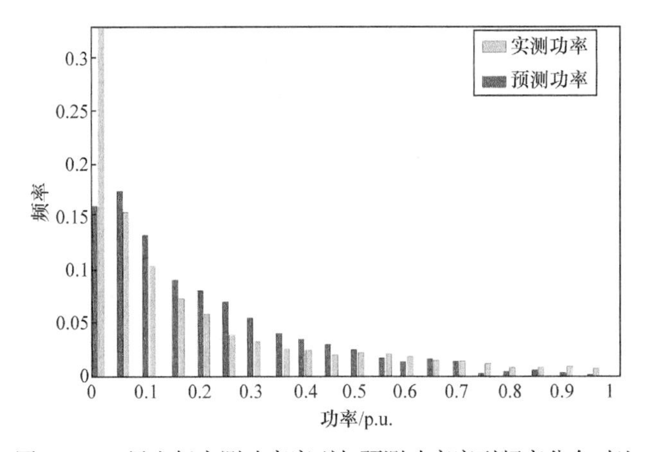

图 6-2　F1 风电场实测功率序列与预测功率序列频率分布对比

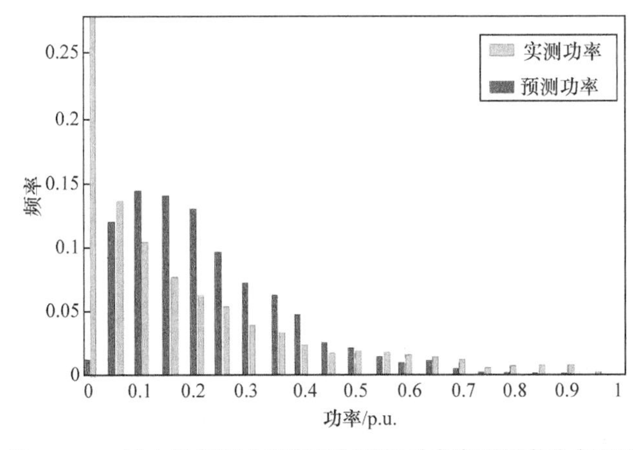

图 6-3　F2 风电场实测功率序列与预测功率序列频率分布对比

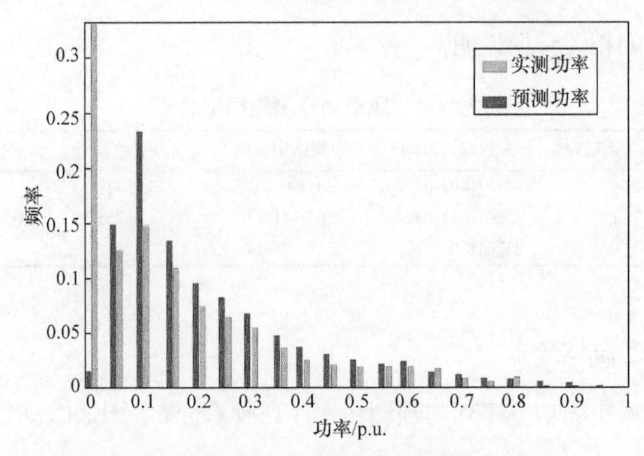

图 6-4　F3 风电场实测功率与预测功率频率分布对比

从图 6-2～图 6-4 可以看出，低功率水平的预测功率与实测功率相比明显减小，说明低功率水平在预测功率中被高估；高功率水平的预测功率比实测功率小，说明高功率水平在预测功率中被低估；实测功率的高、低部分被高估和低估使得预测功率在中等功率水平下的频率大于实测功率的频率。

以上误差分布特征表明，预测功率波动较平缓，难以准确捕捉波动范围较大的实测功率。预测功率这一特性实质上反映 NWP 模式对地形、天气过程的“平均”处理方式，导致 NWP 数据波动较平缓，进而影响预测功率。提高模式空间分辨率、对不同天气类型进行差异化建模等可提高 NWP 对波动过程的预报能力。

6.3.2　不同功率水平下的误差特性

预测误差在不同功率水平下的特点呈现显著差异，为了分析这一差异，需要对预测误差样本根据功率水平进行划分后再进行分析。给定装机容量 P_c，划分 n 个功率水平的区间，每个区间的宽度为 $d = P_c/n$，则划分的第 i 个功率水平区间表示为 $\left[P_c(i-1)d,\ P_c id\right],\ i=1,2,\cdots,n$。判断某一时刻的预测误差样本应该位于哪个功率水平区间，既可以根据对应时刻的预测功率判断，也可以根据对应时刻的实测功率判断，这里采用前者。

下面取 n=10(即划分 10 个功率水平区间)进行实例分析。F1、F2、F3 三个风电场在不同功率水平下的均方根误差如图 6-5 所示。由图可见，F3 风电场地形条件、气候特征最为复杂，对应的预测误差在所有功率水平下均大于其他两个风电场，而 F1 风电场地形简单、气候类型单一，预测误差最小；F2 风电场地形条件和气候类型的复杂程度居中，对应的预测误差水平也处于中间状态。地形条件和气候类型是影响 NWP 精度的最重要因素，以上不同地形和天气类型下的风电场预测误差，再次验证了 NWP 对于预测精度的重要影响。

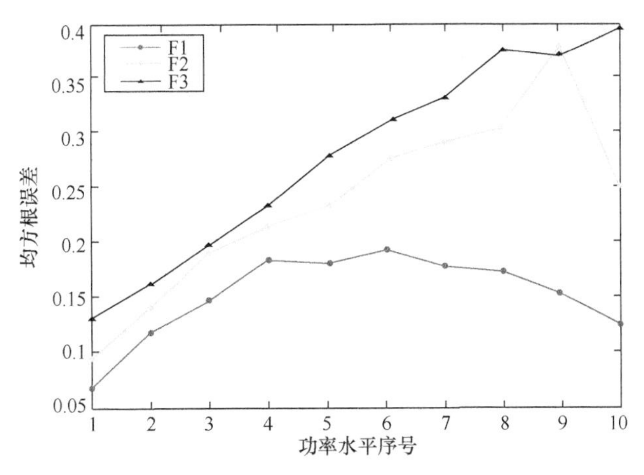

图 6-5　不同功率水平下的均方根误差

图 6-6 给出了三个风电场在不同功率水平下的纵向误差变化情况。由图可见，三个地形条件、气候类型均存在较大差异的风电场，随着功率水平的增大，纵向误差整体上表现为先增大后减小的变化趋势。其原因在于，在低功率水平部分和高功率水平部分，风电机组功率曲线对风速变化不敏感，实测功率波动性相对较弱，使得纵向误差分布呈现如图 6-6 所示的两端回落现象；而中间功率水平部分，功率曲线对风速变化非常敏感，实测功率波动性相对较强。

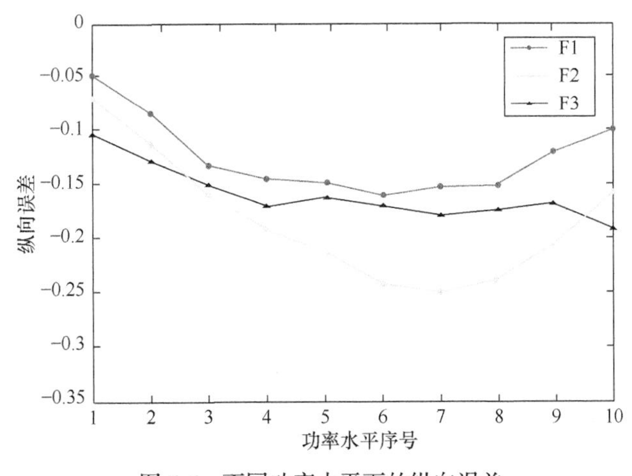

图 6-6　不同功率水平下的纵向误差

图 6-7 给出了三个风电场在不同功率水平下的横向误差变化情况。可以看出，随功率水平增大，三个风电场的横向误差均明显呈现出先增大后减小的趋势，说

明中间功率水平的横向误差最大。横向误差主要表现为出力波动过程的横向位移偏差，在低功率水平和高功率水平，风电出力形态表现为低出力小波动和高出力小波动，横向位移的统计结果较小，与图 6-7 中低功率水平和高功率水平的横向误差表现相吻合；在中功率水平，风电出力形态主要表现为爬坡过程，爬坡起止时刻的预测偏差表现出显著的横向误差，与图 6-7 中功率水平的横向误差表现相吻合。此外，F1 风电场地形和气候均较为简单，对波动过程拐点的判断准确性最高，横向误差整体上应最小；F3 风电场地形和气候最为复杂，对波动过程的准确预测难度最大，横向误差整体应最大，这与图 6-7 的表现相符。

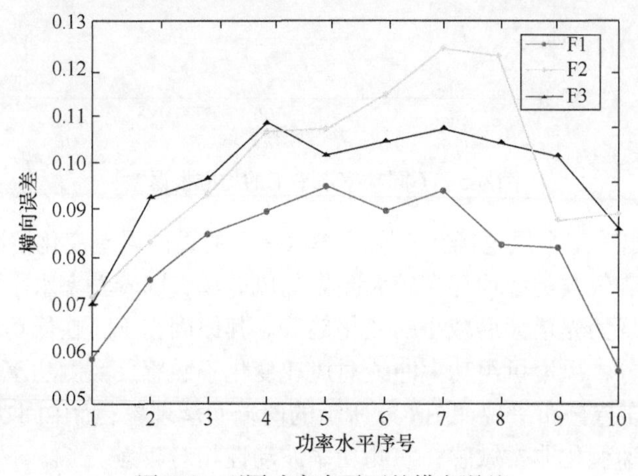

图 6-7　不同功率水平下的横向误差

6.4　物理预测方法的误差源分析

研究预测误差的产生源及误差构成对于改进预测模型、提高预测精度具有非常重要的意义。物理预测方法的预测思路决定了可以对每一个可能产生误差的物理过程都进行详细分析，并找出主要误差源，进而采取措施降低预测误差。

本节根据物理预测方法的分析过程，研究各物理过程产生的预测误差，找出主要误差源，明确物理预测方法的改进方向。需要说明的是，功率预测精度还受到风电功率历史数据质量、风电机组功率曲线、风电机组控制性能等多种因素的影响，如果直接通过分析功率预测误差来确定预测方法的误差源，可能因为不确定因素的影响而掩盖问题本质。风速、风向预测受外部因素影响相对较少，为突出主要矛盾，本节主要依据风速、风向的预测误差来分析物理预测方法的误差组成，找出主要误差源。

根据图 3-8 可知，风电机组轮毂高度风速、风向的预测结果主要由参考风速、参考风向、地形增速因子、粗糙度增速因子及风向偏转等因素决定，而以上参数的准确性又取决于 NWP 风速、风向数据，联系地转风与近地面层风速、风向的地转拖曳定律以及地形变化模型和粗糙度变化模型(统称物理模型)的准确性，因此 NWP 风速、风向数据、地转拖曳定律和物理模型就构成了物理方法风速、风向预测的主要误差源。

下面对各误差源进行剖析，确定主要误差源。需要说明的是，根据 3.6.1 节介绍，风向预测精度较高，而功率预测精度主要由风速预测精度决定，因此这里主要分析风速预测的误差源。此外，地转拖曳定律建立在中性大气条件下，而实际大气条件存在大量的非中性情况，因此，对地转拖曳定律的误差分析主要在于中性大气的假设条件所引入的误差。

6.4.1　物理模型的误差

根据第 3 章地形变化和地表粗糙度变化影响分析，对研究位置指定高度风速预测的关键是求得与该位置及高度增速因子对应的未受扰风速，即参考风速。风速预测中，参考风速由 NWP 风速数据利用地转拖曳定律求得，若仍采用这一方法求取参考风速，由于无法从预测结果中分离出粗糙度变化模型与地形变化模型引入的误差，物理模型的误差分析面临困难，所以必须考虑采用其他方法获得参考风速。

以测风塔为研究对象，测风塔每个测风高度在物理模型中均对应唯一的增速因子，而测风塔测风数据显然是经粗糙度变化与地形变化影响后的风速，如果在测风数据中去除表征局地效应对风速的影响即增速因子的作用，那么经增速因子修正后的测风数据已不包含局地效应的作用，可认为是未受扰风速，即参考风速。由上，如果测风塔有两个不同测风高度，那么对其中某一测风高度(称为参考高度)的测风数据去除增速因子的作用，并对修正后风速应用对数风廓线，即可求得另一测风高度(称为目标高度)的参考风速。

根据参考风速，再将模型计算高度对应的增速因子作用于参考风速，可得到目标高度的计算风速，将计算风速与目标高度的实测风速进行比较，可分析物理模型引入的误差。

需要说明的是，以上分析中，在求取参考风速时应用了模型计算结果，计算风速时也应用了模型计算结果，而实际风速预测时只应用了一次模型计算结果，因此，最后的误差分析结果折半处理后才为最终的物理模型引入误差。以上分析中未涉及 NWP 风速数据与地转拖曳定律，因此计算误差只为物理模型引入的误差。

综上所述，物理模型引入误差的分析步骤可归结如下：

(1) 给定测风塔位置以及至少两个测风高度的测风数据；

(2) 基于测风塔位置和测风高度，采用物理模型计算得到各测风高度对应的增速因子；

(3) 对参考高度的实测风速去除增速因子的作用，获得参考高度对应的参考风速；

(4) 将参考高度的参考风速应用于对数风廓线，求得目标高度对应的参考风速；

(5) 将目标高度对应的增速因子作用于参考风速，可获得测风塔位置考虑局地效应影响后的模型计算风速，将该风速与目标高度的实测风速进行比较，分析物理模型引入的误差。

物理模型误差分析框图如图 6-8 所示。

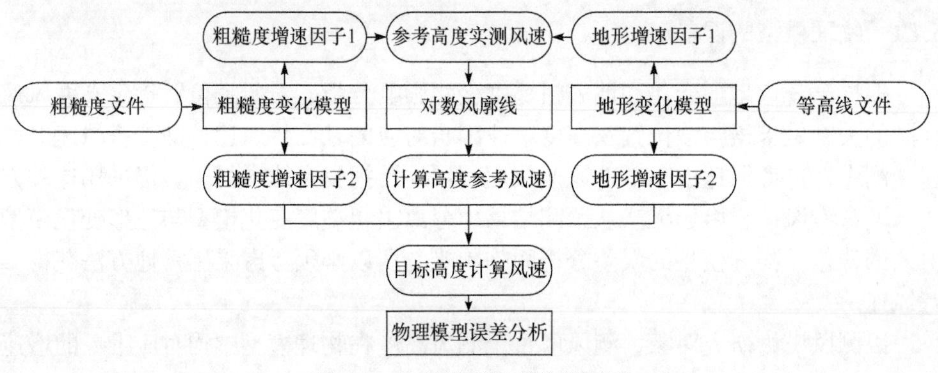

图 6-8　物理模型误差分析框图

6.4.2　地转拖曳定律引入的误差

地转拖曳定律作为联系地转风与近地面层风速的桥梁，建立在自由大气满足准地转近似且大气为中性大气的基础上。显然，地转拖曳定律不能完全反映稳定与不稳定层结下近地面层风与地转风的联系，需要分析中性大气假设条件下地转拖曳定律可能引入的误差。

根据第 3 章的风速预测思路，地转拖曳定律主要用来求得反映大尺度大气运动的地转风，而地转风可认为在风电场区域保持不变。如果地转拖曳定律具有足够的准确性，那么对风电场内不同近地面层风速数据应用地转拖曳定律所得到的风电场上空的地转风应基本相似。因此，可借助风电场内其他测风塔(称为参考测风塔)的测风数据，应用地转拖曳定律求得地转风，再将该地转风应用于目标测风塔的风速计算，由目标测风塔的实测风速与计算风速分析地转拖曳定律引入的误差。

综上所述，地转拖曳定律引入误差的分析步骤可归结如下：

(1) 给定风电场范围内两个测风塔的位置与测风高度；

(2) 基于测风塔位置与测风高度，采用物理模型计算得到各测风塔测风高度所对应的增速因子；

(3) 对参考测风塔的测风数据去除增速因子的作用，获得参考测风塔的参考风速；

(4) 对参考风速应用地转拖曳定律求得地转风；

(5) 对求得的地转风再应用地转拖曳定律，求得目标测风塔测风数据对应的参考风速；

(6) 将目标测风塔测风高度对应的增速因子应用于步骤(5)中计算的参考风速，得到目标测风塔测风高度的计算风速；

(7) 比较计算风速与实测风速，分析地转拖曳定律引入的误差。

需要说明的是，以上分析中，在求取参考测风塔的参考风速和目标测风塔的计算风速时，两次采用了物理模型的计算结果，因此在误差分析时需要扣除物理模型引入的误差，而物理模型引入的误差已在 6.4.1 节中求得。地转拖曳定律误差分析框图如图 6-9 所示。

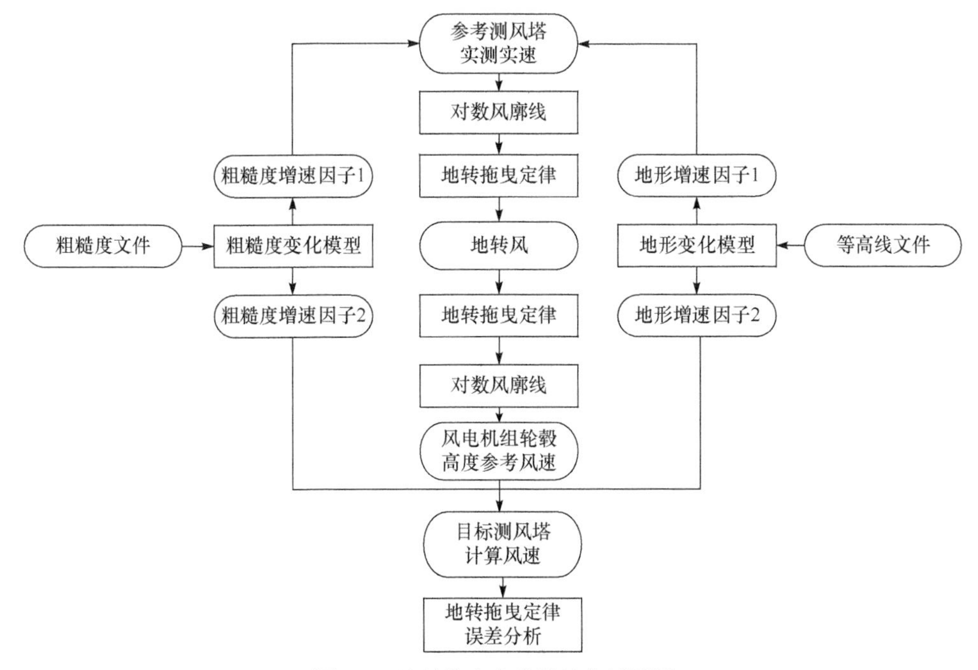

图 6-9　地转拖曳定律误差分析框图

NWP 风速作为预测系统的主要输入数据，该数据的准确性将对风速预测结果产生重要影响。NWP 风速引入的误差，可在风速预测误差结果中去除物理模型误差与地转拖曳定律误差后获得，而物理模型和地转拖曳定律引入的误差已求得。

根据风速预测原则，风速预测时包括了一次物理模型计算引入的误差，以及两次地转拖曳定律引入的误差。

6.4.3 实例分析

本节应用测风塔实测风速，根据 6.4.1 节和 6.4.2 节给出的分析步骤，计算物理模型、地转拖曳定律以及 NWP 风速引入的误差，确定主要误差源。这里仍采用第 3 章的分析实例，地转拖曳定律误差分析中采用的参考测风塔和计算测风塔的地理位置如图 6-10 所示。采用的测风时间段为 2016 年 11 月 1 日～30 日。物理模型误差分析采用计算测风塔的 10m 风速作为参考风速，70m 风速作为计算风速；地转拖曳定律误差分析中，参考测风塔风速与计算测风塔风速都采用 70m 风速。

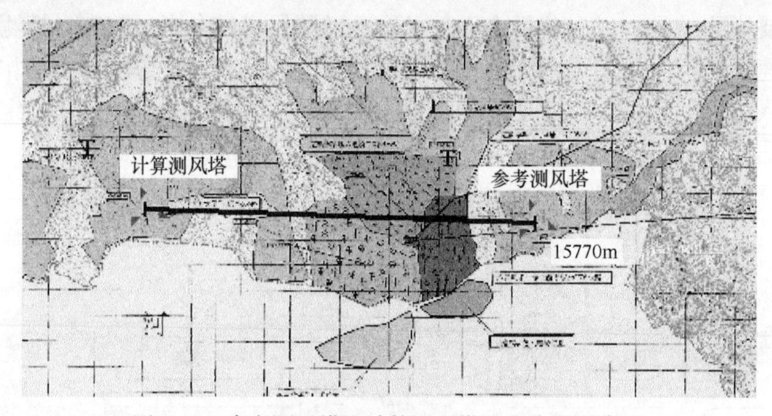

图 6-10 参考测风塔和计算测风塔地理位置示意图

图 6-11 为根据前述不同计算原则得到的计算测风塔 70m 测风高度的计算风速与实测风速比较。测风塔实测数据为 10min 间隔，NWP 风速数据为 15min 间隔，比较结果为所有数据取平均后的 30min 数据。

由图 6-11 可知，采用测风塔 10m 风速和参考测风塔 70m 风速计算得到的计算测风塔 70m 风速与实测风速的相似性好于 NWP 风速作为输入数据的计算结果，原因在于前两个计算的输入数据为实测风速。因此，风速计算结果可以反映风速实际的湍动情况，而 NWP 风速因为模式空间分辨率的限制以及对近地面层大气运行机理认识不足，对于风速湍动的模拟较差。

表 6-2 为物理模型、地转拖曳定律以及 NWP 风速数据误差分析结果统计。其中，地转拖曳定律和 NWP 风速的统计结果中已扣除了其他因素引入的误差，考虑到均方根误差不易于分离其他因素的误差影响，因此只采用平均绝对误差作为误差评价指标。图 6-12～图 6-14 为不同方法下的风速计算误差统计。

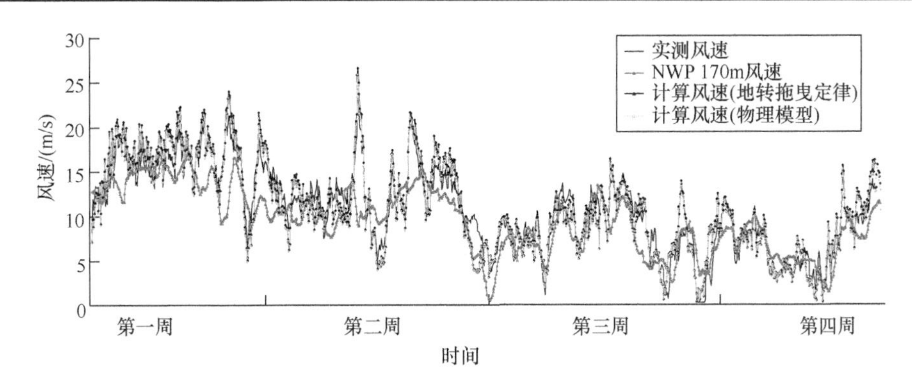

图 6-11　不同方法下的计算风速与实测风速比较

表 6-2　平均绝对误差结果统计

误差源	物理模型	地转拖曳定律	NWP 风速
平均绝对误差/(m/s)	0.61	0.55	1.05

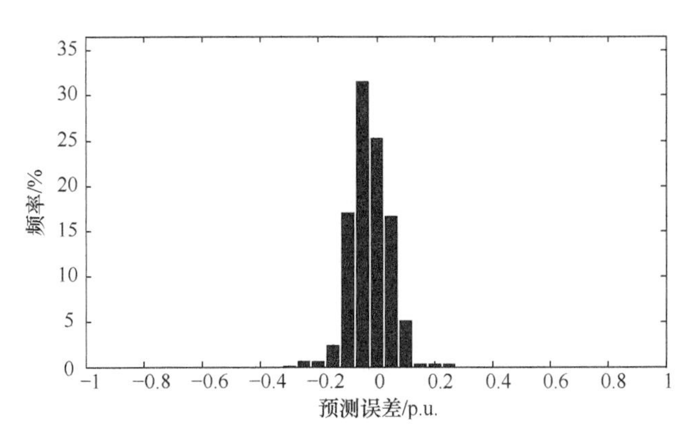

图 6-12　物理模型误差频率直方图

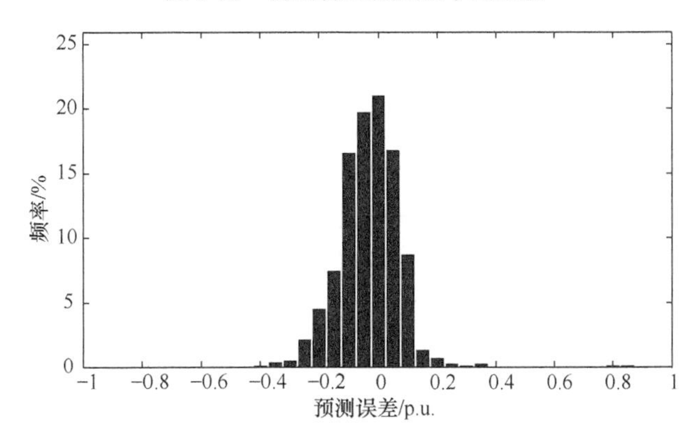

图 6-13　地转拖曳定律误差频率直方图

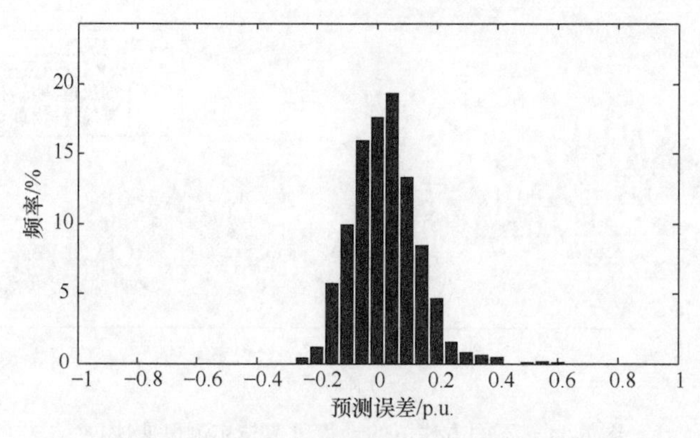

图 6-14 NWP 风速作为输出误差频率直方图

由表 6-2 可知，物理模型和地转拖曳定律对计算结果的影响基本相当，且都较小，表明了物理模型和地转拖曳定律应用于风速预测乃至风电功率预测的有效性。而 NWP 风速引入的误差接近为物理模型和地转拖曳定律引入误差的两倍，显然 NWP 风速对预测结果的影响最大，是风速预测的主要误差源。提高 NWP 准确度对于改善预测精度应有显著的作用。以上结论也符合图 6-11 中的风速计算对比结果。

需要说明的是，以上误差分析只是针对实例条件下的计算结果，实际上，物理模型对计算结果的影响在不同地形下并不完全相同，过分复杂的风电场地形可能会增大物理模型引入的误差。而地转拖曳定律在不同气温下的影响程度也存在差异，本实例研究时段处于冬季，大气层结大部分时间表现为近中性或中性，因此地转拖曳定律引入的误差相对较小；如果研究时段处于夏季，大气层结主要表现为不稳定层结，那么地转拖曳定律引入的误差也会有所增大。此外，以上各种计算方法中都应用了对数风廓线，而对数风廓线也只是适用于中性大气，因此对数风廓线也会引入误差，不过，通过地转拖曳定律的误差分析可认为对数风廓线引入的误差应小于地转拖曳定律引入的误差，不会是主要误差源。

6.5 统计预测方法的误差源分析

风电功率统计预测方法根据历史数据建立气象数据与功率之间的非线性关系，利用 NWP 数据对风电场输出功率进行预测。其预测误差主要受 NWP 数据，历史数据的数量、质量以及预测模型算法等因素影响(乔颖等，2017)，不同统计预测方法的对比在第 4 章已经给出介绍，本节将重点分析不同 NWP 模式及不同训练数据长度对预测误差的影响。

6.5.1　不同 NWP 模式的预测误差

分析采用的统计预测模型是 BP 神经网络，训练建模选用不同模式的 NWP 数据，分别用 NWP1、NWP2、NWP3 表示。数据的时间范围是 2018 年 1 月 12 日～2019 年 3 月 12 日，其中 2018 年的数据用于模型训练，2019 年的数据不参与模型训练，仅用于预测效果的评估。三种 NWP 数据均是每天 20:00 产生，截取的训练数据预测时长为未来 28～52h。由于 BP 神经网络的模型训练受到参数初始值、迭代过程变化等随机性的影响，即使是完全相同的训练数据，多次训练后也会产生不同的预测结果。为了降低建模随机性的影响，每种 NWP 数据均建立 60 个模型，取 60 个预测结果的均值作为该类别 NWP 的最终功率预测结果。

图 6-15 给出了三种 NWP 的风电功率预测序列图。图中区域 A，NWP2 和 NWP3 捕捉到了这次高功率的波动过程，而 NWP1 仅给出平缓的预测，造成了较大的纵向误差。图中区域 B，三种 NWP 均未捕捉到对应的高功率波动过程，NWP2 表现相对较好，而 NWP1 和 NWP3 则把此刻的波峰预测为波谷，造成巨大误差。图中区域 C，NWP1 和 NWP3 都预测出这一爬坡的趋势，且 NWP1 表现更好，NWP2 则错报了这一爬坡过程。

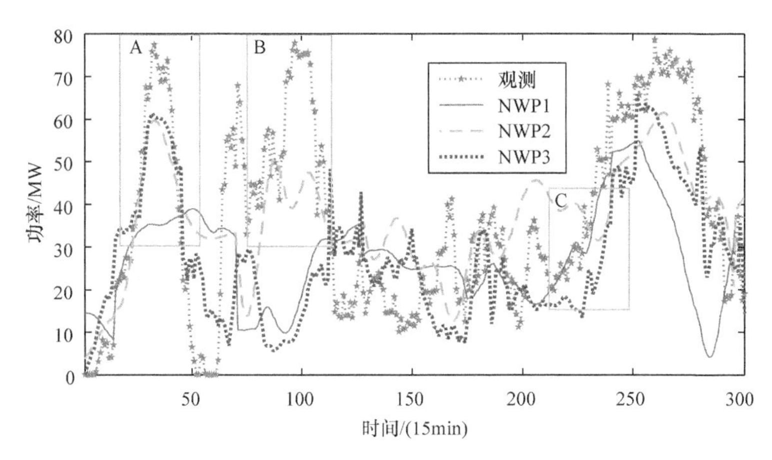

图 6-15　三种不同 NWP 的风电功率预测序列图

表 6-3 给出了三种不同 NWP 的风电功率预测指标评价表，尽管三种 NWP 在不同的波动过程下表现各有优劣，但总体上 NWP2 的功率预测效果更好。

表 6-3　三种不同 NWP 的风电功率预测指标评价表

功率预测采用的 NWP	平均绝对误差/%	均方根误差/%	相关系数/%
NWP1	12.72	16.77	66.48
NWP2	9.22	12.61	82.77
NWP3	11.98	16.19	69.27

图 6-16 绘制了三种不同 NWP 的风电功率预测误差分布直方图。由图可知，NWP1 和 NWP3 模型的预测指标接近，直方图的分布情况也相似，而 NWP2 模型的功率预测效果明显好于其他模型，其误差分布的直方图在 0 值附近有更高的概率密度，误差分布更尖锐。

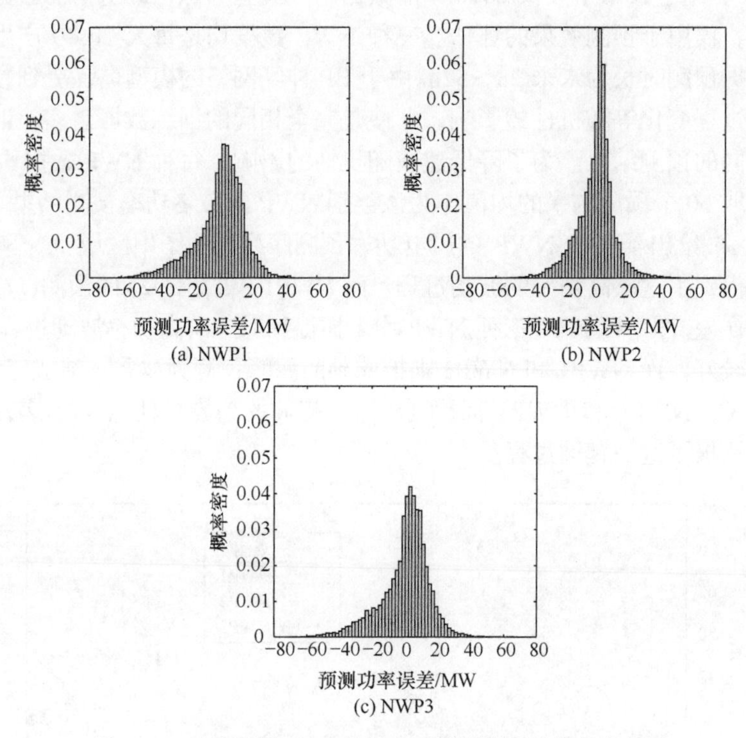

(a) NWP1　(b) NWP2　(c) NWP3

图 6-16　三种不同 NWP 的风电功率预测误差分布直方图

NWP 数据是统计预测方法最主要的输入数据，如果 NWP 数据把大风错报为小风，剧烈的风波动过程预测成平缓的风波动过程，统计模型也难以给出准确的功率预测，因此，NWP 预报性能是影响统计方法精度的主要原因。

6.5.2　不同训练数据长度的预测误差

统计预测模型通过学习训练数据中的映射规律进行建模，如果训练数据不足，则可能影响预测效果。本节采用 6.5.1 节中 NWP1 的数据进行实例分析，分别选取训练集数据为 1 年、半年和 3 个月的长度进行训练建模。

图 6-17 给出了不同长度训练数据的风电功率预测序列。由于模型预测时，输入的 NWP 数据是一致的，所以三个模型的功率预测结果变化趋势基本相同。采用 1 年训练数据和半年训练数据建立的模型在图 6-17 中所示的时段预测效果接近，但 3 个月训练数据的模型表现相对较差。

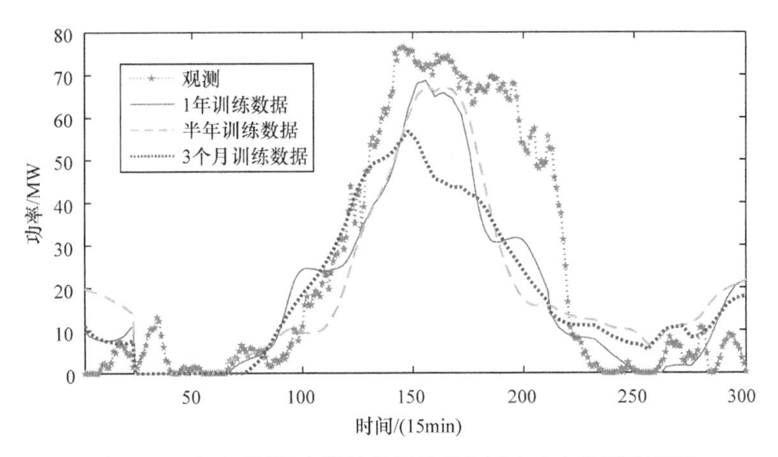

图 6-17　采用不同长度训练数据得到的风电功率预测序列图

表 6-4 给出了三个模型的预测误差评价指标，随着训练数据长度的变短，预测效果逐渐变差。图 6-18 绘制了三种模型的预测误差分布直方图。

表 6-4　不同长度训练数据的风电功率预测指标评价表

训练数据长度	平均绝对误差/%	均方根误差/%	相关系数/%
1 年	12.72	16.77	66.48
半年	13.24	18.48	61.15
3 个月	14.69	19.84	57.55

训练数据充足是保证统计方法有效建模的前提条件。训练样本数据不足，导致统计模型仅学习了所用训练数据中有限的信息和规律，在未来复杂多变的全新场景预测时，难以取得良好的预测效果。因此，训练数据不足也是造成统计预测误差的重要原因。

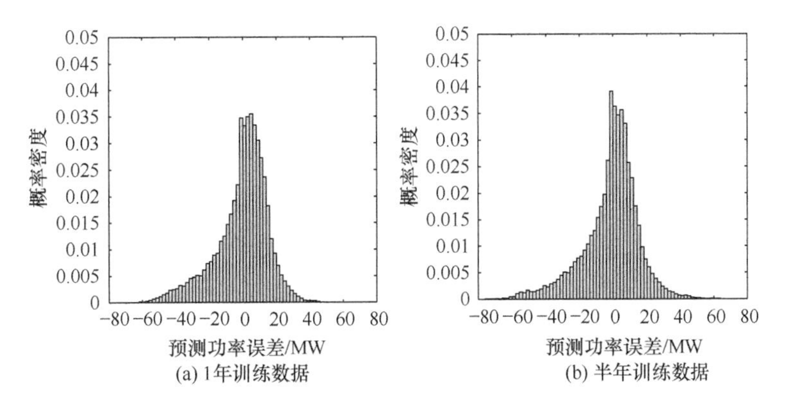

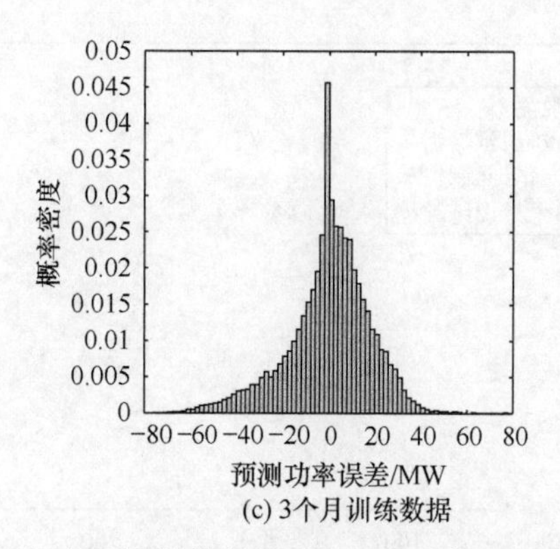

(c) 3个月训练数据

图 6-18　采用不同长度训练数据得到的风电功率预测误差分布直方图

第 7 章　风电功率概率预测方法

7.1　引　　言

由于风电的随机性、波动性及技术发展水平的制约，风电功率预测的误差难以避免。如果在调度运行中仅根据确定性预测结果进行决策优化，而实际风电功率却大幅偏离预测结果，那么将影响风电的高效消纳，并导致电力系统面临安全风险(Wang et al.，2018a)。

风电功率概率预测方法近年来得到了广泛关注和研究，它通过对风电功率的条件概率分布进行预测，以概率形式量化未来不同时刻风电功率可能的波动范围，有利于在考虑风电不确定性的决策问题中做出期望最优的决策，从而弥补确定性预测缺乏不确定性信息的不足(王钊，2018)。风电功率概率预测方法建立在对历史数据统计分析的基础上，因此需要大量历史数据，以保证预测模型对统计分布规律的准确描述。风电功率概率预测方法的核心问题是如何描述概率分布，早期人们采用形式简单的参数分布描述预测分布，但由于其难以描述不规则的风电功率分布，所以不预先假设分布形式的非参数方法成为目前的主流方法。随着机器学习的发展，将机器学习强大的学习能力与概率统计原理相结合，成为风电功率概率预测研究的一个热点方向。随着大数据分析技术的进步，如何有效挖掘复杂数据中隐藏的不确定性信息和规律，成为风电功率概率预测方法研究的机遇和挑战(王钊，2018)。

本章以风电功率概率预测为对象，介绍风电功率概率预测的条件概率分布，综述风电功率概率预测的基本方法。由于概率预测的评价与确定性预测截然不同，本章详细介绍概率预测的基本评价体系，并结合实际数据介绍两种非参数风电功率概率预测方法，分别是基于径向基函数神经网络的分位数回归概率预测方法和基于距离加权的核密度估计概率预测方法，前者可以给出分位数形式的概率预测结果，后者可以给出连续分布函数形式的概率预测结果，对两种方法均给出具体的原理、步骤和实例结果。

7.2　风电功率概率预测的条件概率分布

风电功率概率预测是可以预测未来各时刻风电功率条件概率分布结果的方

法。根据贝叶斯原理，此处的条件概率分布指的是风电功率在满足某条件下的概率分布，需要注意的是，在进行预测时这个条件是已知的。影响这一条件的变量称为条件影响变量(conditional influence variable)(Pinson and Kariniotakis，2010)。在风电功率预测领域，常见的条件影响变量有预测功率、预测风速、预测时长等。举例说明，某风电场在未来第 6 个小时且风电功率确定性预测值为低出力时的概率分布，就是一种条件概率分布，其中第 6 个小时和低出力就是条件影响变量，而预测时长在 48h 以上以及确定性预测值为高出力的历史样本数据将不适用于当前条件概率分布的拟合。描述随机变量的条件概率分布最常见的表现形式包括分位数(quantile)、置信度区间(confidence interval)或称预测区间(prediction interval)、概率密度函数(probability density function，PDF)及累积分布函数(cumulative distribution function，CDF)。以上表现形式的定义如下所述。

1. 累积分布函数

随机变量 Y 的 CDF 为 $F_Y(y)$，其定义如下：

$$F_Y(y) = P(Y \leqslant y) \tag{7-1}$$

式中，$P(\cdot)$表示括号内的事件发生概率。

2. 概率密度函数

给定连续随机变量 Y 的 CDF 为 $F_Y(y)$，如果存在 $f_Y(t)$ 满足式(7-2)，则 $f_Y(y)$ 为 Y 的概率密度函数。

$$F_Y(y) = \int_{-\infty}^{y} f_Y(t)\,\mathrm{d}t \tag{7-2}$$

3. 分位数

给定连续随机变量 Y 的 CDF 为 $F_Y(y)$，则 Y 的 α 分位数定义为

$$q_Y^{(\alpha)} = F_Y^{-1}(\alpha) = \inf\left\{y : F_Y(y) \geqslant \alpha\right\} \tag{7-3}$$

式中，inf 表示下确界；α 为名义概率，取值范围是[0,1]，特殊地，当 α=0.5 时，对应的分位数就是中位数。

4. 置信度区间

置信度为 $1-\beta$ 的置信度区间 $I^{(\beta)}$ 可以由一对分位数构建，如式(7-4)所示，且名义概率满足式(7-5)。由于满足式(7-5)的分位数名义概率选择方法有无数种，通常根据上下区间以外概率相等的原则，确定上下界分位数的名义概率，此原则下

的 α_l、α_u 还需要满足式(7-6)：

$$I^{(\beta)} = \left[q^{(\alpha_l)},\ q^{(\alpha_u)} \right] \tag{7-4}$$

$$\alpha_u - \alpha_l = 1 - \beta \tag{7-5}$$

$$\alpha_l = 1 - \alpha_u = \frac{1-\beta}{2} \tag{7-6}$$

图 7-1 给出了几种概率预测表现形式的示意图，分位数和置信度区间均是离散结果，且均可以通过 CDF 或 PDF 直接计算提取。当分位数取得足够密集时，也可以通过对各分位数插值的方法实现对连续 CDF 结果的近似。

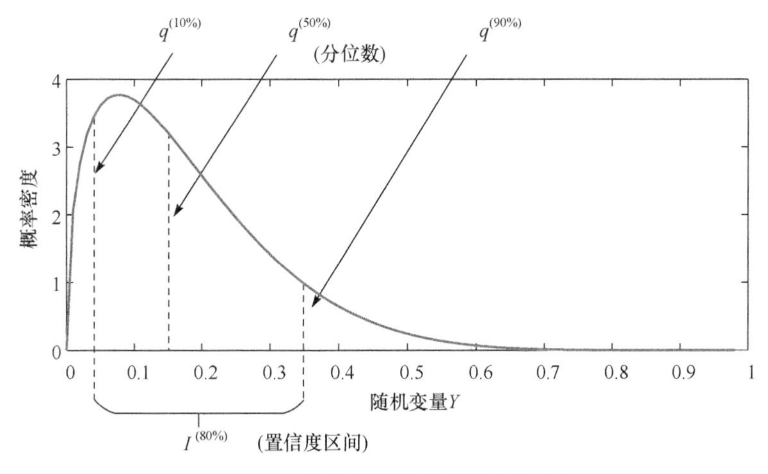

图 7-1　几种概率预测表现形式示意图

式(7-7)给出了在概率预测中最常见的结果形式，即由多个预测分位数组成的结果集合：

$$\left\{ \hat{q}^{(\alpha_i)}, i = 1,2,\cdots,m \middle| 0 \leqslant \alpha_1 < \alpha_2 < \cdots < \alpha_m \leqslant 1 \right\} \tag{7-7}$$

式中，$\hat{q}$ 为概率预测模型给出的预测结果。

需要说明的是，风电功率概率预测也存在风电爬坡预测、场景集预测及风险系数预测等形式，本章主要介绍最常见的与条件概率分布函数相关的概率预测方法。

7.3　风电功率概率预测方法分类

风电功率概率预测方法非常丰富，根据不同的标准分类有利于理解各种方法的特点及方法间的差异。图 7-2 总结了目前风电功率概率预测方法的分类情况。

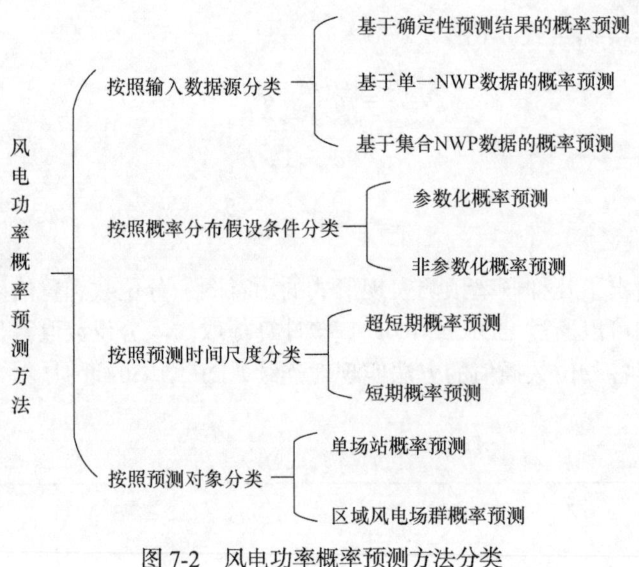

图 7-2 风电功率概率预测方法分类

风电功率概率预测方法根据输入数据源的不同，可以划分为基于确定性预测结果的概率预测、基于单一 NWP 数据的概率预测和基于集合 NWP 数据的概率预测；根据概率分布假设条件的不同，可以划分为参数化概率预测和非参数化概率预测；根据预测时间尺度的不同，可以分为超短期概率预测和短期概率预测，由于中长期的风电功率预测数据较少，统计概率分布较困难，目前并不常见；根据预测对象的差异，可以分为单场站概率预测和区域风电场群概率预测。本节重点介绍根据输入数据源、概率分布假设条件和预测对象进行分类的风电功率概率预测方法。

7.3.1 不同输入数据源的概率预测方法

1. 基于确定性预测结果的概率预测

此类方法通过建立确定性预测功率与实际预测功率之间的映射关系，拟合特定预测功率下的实际预测功率分布得到概率预测结果。由于确定性预测功率与实际预测功率之间的关系可以通过预测误差反映出来，一些方法针对预测误差的分布进行拟合，再将预测误差的分布叠加到确定性预测功率结果上得到风电功率概率预测结果，所以基于确定性预测结果的概率预测又可称为基于预测误差的概率预测。图 7-3 给出了此类方法预测流程图，图 7-4 绘制了不同时刻下叠加在确定性功率预测结果上的概率预测结果示意图。

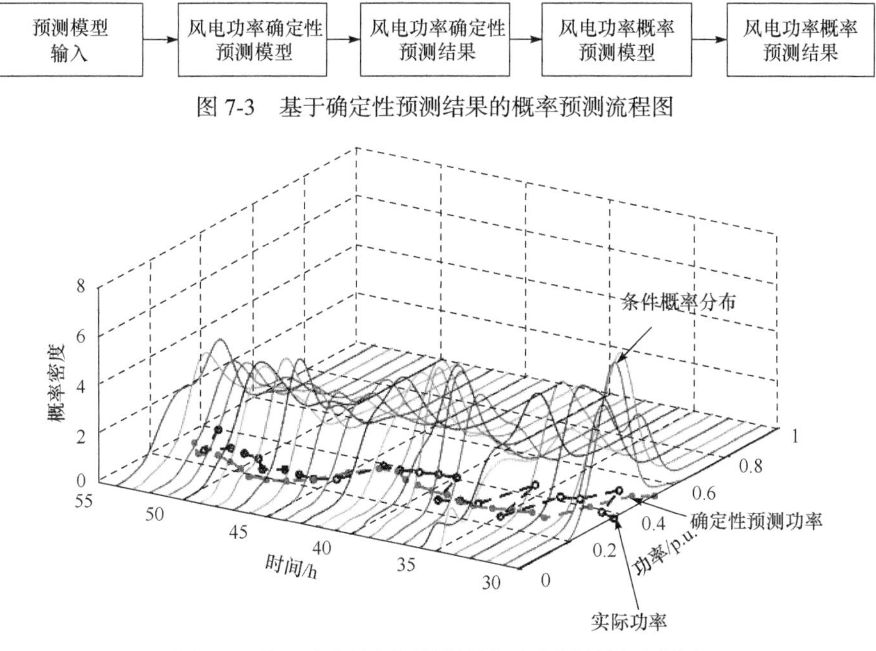

图 7-3　基于确定性预测结果的概率预测流程图

图 7-4　基于确定性预测结果的概率预测结果示意图

基于确定性预测结果的概率预测可以直接在已有的确定性预测结果基础上给出概率预测结果，便于已有功率预测系统的功能拓展。但概率预测效果明显受到原确定性预测精度的限制，对于精度不高的确定性预测，为保证可靠度则分布函数更离散，其概率预测结果预测区间更宽。如果想得到分布更集中、预测区间更窄的概率预测结果，需要提高确定性功率预测的精度。

2. 基于单一 NWP 数据的概率预测

此类方法不需要确定性的风电功率预测模型，可根据预测模型输入，如短期预测中常用的 NWP 数据，直接进行概率预测，因此也被称为概率预测的直接建模法，其流程如图 7-5 所示。此时的概率预测模型建立的是以 NWP 数据为代表的输入数据与实际风电功率之间的映射关系，并拟合不同输入数据取值条件下的风电功率的条件概率分布给出概率预测结果。

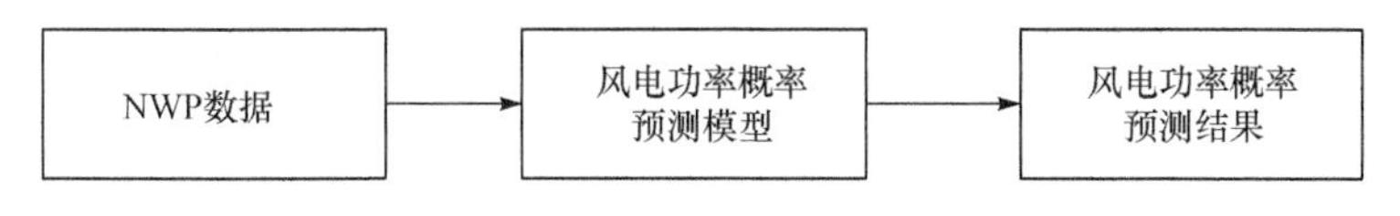

图 7-5　基于单一 NWP 数据的概率预测流程图

基于单一 NWP 数据的概率预测方法和基于确定性预测结果的概率预测方法

的差别主要体现在概率预测模型的输入上，而概率预测模型的建模方法是可以通用的。

3. 基于集合 NWP 数据的概率预测

集合数值天气预报(ensemble NWP)通过改变数值天气预报模式的参数化方案、初边界条件等方式生成气象要素在未来同一预测时间尺度上一组不同的预报结果。图 7-6 给出了基于集合 NWP 数据概率预测的效果示意图。由于大气系统是庞大且复杂的非线性系统，不同集合成员间即使最初仅有微小的差异，随着时间推移，也会逐渐循着不同预报轨迹演变，最终取得不同的预报结果，这就是混沌理论中著名的“蝴蝶效应”。

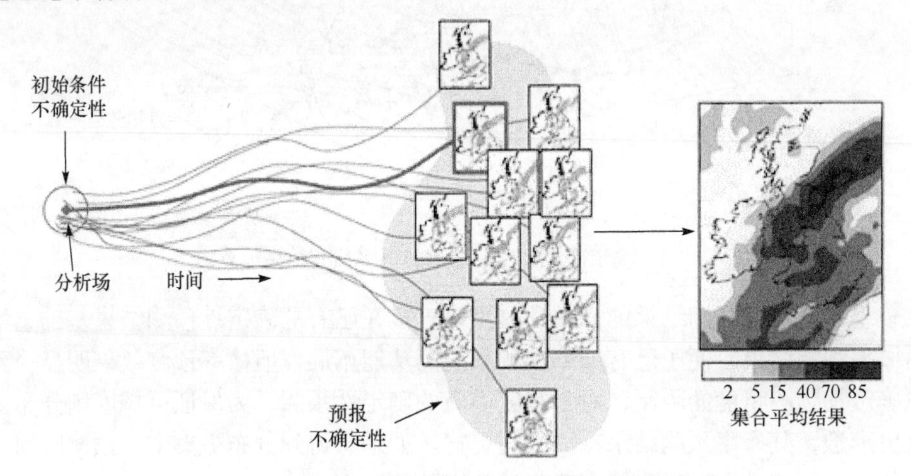

图 7-6　基于集合 NWP 数据概率预测的效果示意图

不同时间断面下，集合成员的离散程度在一定程度反映了 NWP 数据生产过程导致的不确定性及当前时刻天气系统的可预报性。充分挖掘集合 NWP 数据提供的这一不确定性信息有利于提高风电功率概率预测效果。图 7-7 给出了基于集合 NWP 数据的风电功率概率预测流程图。首先通过确定性预测模型将集合 NWP 数据结果转换为风电功率预测集合，再对风电功率预测集合与实际风电功率建立映射关系，拟合出合适的概率预测结果。

图 7-7　基于集合 NWP 数据的风电功率概率预测流程图

众多的集合成员需要耗费大量的计算资源，目前集合 NWP 成员数量都较为有限，以欧洲中尺度天气预报中心提供的集合预报产品为例，其集合成员为 50

个，仍不足以描述出气象要素准确的概率分布。因此，利用有限的集合成员构建信息丰富的分布函数是此类方法的难点。

7.3.2　参数化及非参数化概率预测方法

1. 参数化概率预测方法

参数化概率预测方法用一个已知分布来描述概率分布函数。下面介绍两种在风电功率预测中常见的参数分布，即高斯分布、Beta 分布。

高斯分布(Gaussian distribution)，也称正态分布(normal distribution)，是概率论中最著名的分布，它的 PDF 形状是一个无界的对称钟形曲线，如图 7-8 所示，早期常被用于风电功率预测误差分布的拟合。

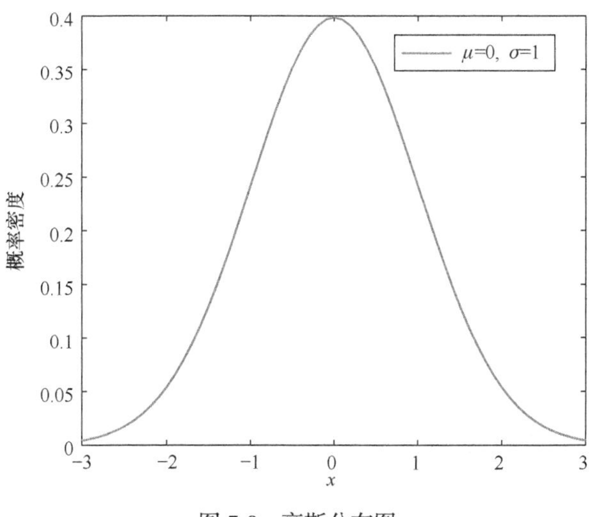

图 7-8　高斯分布图

高斯分布的 PDF 公式如下：

$$f\left(x\middle|\mu,\sigma^2\right)=\frac{1}{\sqrt{2\pi\sigma^2}}\mathrm{e}^{-\frac{(x-\mu)^2}{2\sigma^2}} \tag{7-8}$$

式中，均值 μ 和标准差 σ 为高斯分布的参数。

Beta 分布是一种限定在[0,1]区间内的参数分布，其形状可以通过参数调整发生变化，如图 7-9 所示。Beta 分布可以描述非对称的分布情况，因此适合拟合有界的风电功率分布。Beta 分布的 PDF 公式如下：

$$f\left(x\middle|\alpha,\beta\right)=\frac{1}{B(\alpha,\beta)}x^{\alpha-1}(1-x)^{\beta-1} \tag{7-9}$$

式中，α、β 是 Beta 分布的两个形状参数；$B(\alpha,\beta)$ 是为了保证 $f(x|\alpha,\beta)$ 在定义域上积分为 1 的函数。

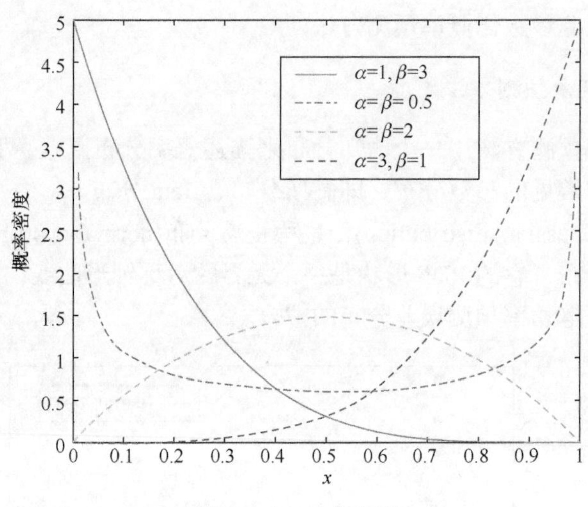

图 7-9　Beta 分布图

从图 7-9 中可以看到 Beta 分布在不同 α、β 取值下的形状特征。

参数化概率预测方法的优点在于只需要估计少量的分布参数，计算简单，例如，高斯分布只需估计均值和标准差两个参数，而 Beta 分布只需要估计两个形状参数。在假设分布合理的情况下，可以用较少的样本数据得到满意的结果。然而，在假设分布不能反映实际分布时，其估计结果的准确性将很低，由此得到的概率预测结果也会对决策造成误导。大量研究表明，风电功率不同时刻下的条件概率分布很难通过一个通用的分布假设予以概括。

图 7-10 给出了四种风电功率条件概率分布的图像，其中，图(a)为对称分布，图(b)向右侧偏斜，图(c)出现多峰效应，图(d)在 0 处出现明显的概率密度累积。条件概率分布的形状多种多样，若采用单一的参数分布来拟合，势必会带来拟合的不准确性。

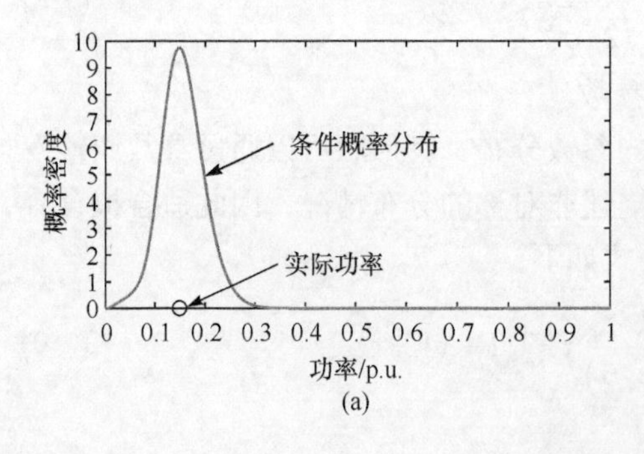

(a)

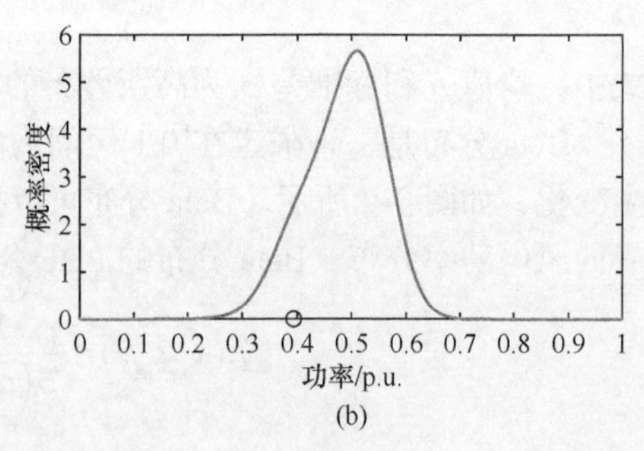

(b)

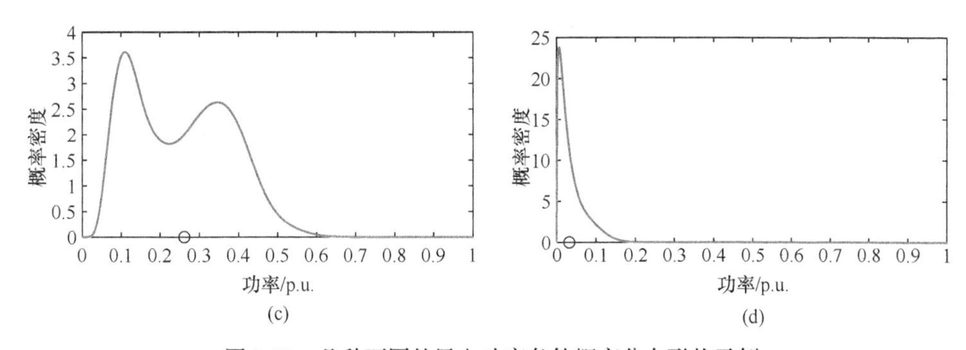

图 7-10　几种不同的风电功率条件概率分布形状示例

图 7-11 通过一个风电场实际数据的实例给出了参数化分布和非参数化分布的拟合对比。样本的直方图就是一种非参数化分布，根据直方图可以发现，功率分布存在明显偏移，分布不对称，且限制在[0,1]区间内，此时作为参数化方法的正态分布拟合效果不佳，左侧存在概率密度的溢出，也难以描述分布的多峰效应，而核密度估计方法作为一种平滑的非参数分布拟合方法则可以较好地拟合出这些特征。

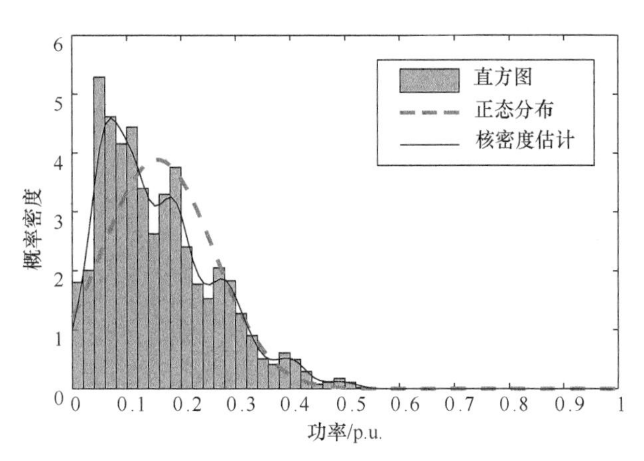

图 7-11　风电功率参数化和非参数化分布拟合效果对比示例

一些研究者对参数化概率预测方法进行了改进，通过变量变换、形状参数控制、分段函数组合等一系列手段加以处理以提高分布函数拟合精度，而这削弱了参数方法简洁方便的优势，使得提升效果有限。近年来采用参数化方法的概率预测方法已经非常少见，非参数化的概率预测方法成为主流方法。

2. 非参数化概率预测方法

非参数化建模方法不预先假设建模对象分布的表现形式，通过数据分析的方法，如分位数回归、核密度估计等，直接计算出分位数或分布函数，避免了不恰当模型假设引入的误差。该类模型不存在分布假设不合理问题，但所需的样本数据量大，部分方法计算较复杂。下面介绍几类常见的非参数化概率预测方法。

1) 经验累积分布函数法

经验累积分布函数(empirical CDF)是根据样本数据计算对 CDF 的估计，也是一种的简单非参数化概率预测方法。给定 n 个独立同分布的样本 $\left(x_1,\cdots,x_n\right)$，经验累积分布函数 $\hat{F}_n\left(t\right)$ 的表达式如下：

$$\hat{F}_n\left(t\right)=\frac{1}{n}\sum_{i=1}^{n}\xi_{x_i\leqslant t} \tag{7-10}$$

式中，ξ 是示性函数，当满足 $x_i\leqslant t$ 时，$\xi=1$，反之则为 0。根据分位数的定义，分布函数定义域中的任一点 x 对应的就是名义概率为 $\hat{F}_n\left(x\right)$ 的分位数。

由于样本数量有限，根据式(7-10)得到的经验 CDF 是阶梯状的，而分布尾部的样本因为更加稀少，尾部拟合效果也相对较差，直接根据式(7-10)拟合 50 个样本数据的经验 CDF 为图 7-12 中的实线。针对阶梯情况，可以采用线性插值的方法平滑阶梯与阶梯之间的变化，针对尾部拟合问题，可以采用 Pareto 分布尾部拟合的方法实现平滑，图 7-12 中的点线对应了采用线性插值和 Pareto 分布尾部拟合修正后的经验 CDF，而虚线代表了 50 个样本所属分布的实际 CDF。

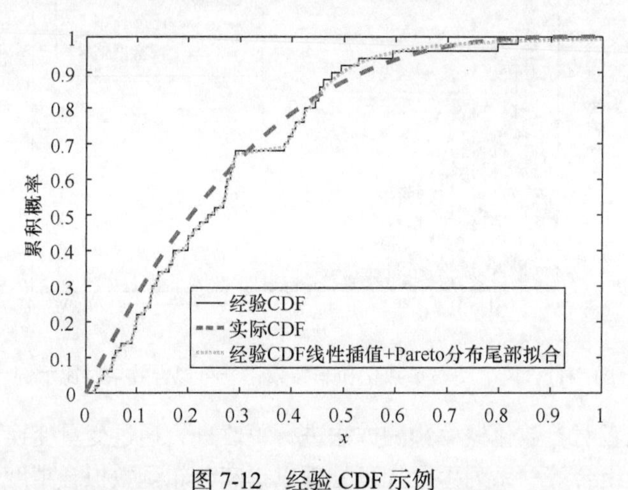

图 7-12　经验 CDF 示例

在风电功率概率预测中，在拟合分布之前需要找到合适的条件样本集。一种常见的方法是通过 k 近邻(k-nearest neighbors, kNN)法从样本中选出目标时刻相似的数据组成条件样本集，对条件样本集计算经验累积分布或直接计算所需的特定几个分位数结果。

2) 分位数回归方法

分位数回归方法以分位数损失值为优化目标估计回归参数，预测模型可以直接得到分位数结果。根据分位数回归算法，有针对不同分位数逐一回归的，也有对所有分位数一起回归的。前者针对每个名义概率下的分位数都有一套回归参数，更加准确，但也容易出现如 60%分位数反而大于 70%分位数的情况，这种违反单调性的分位数交叉错误需要格外注意。而后者对所用分位数的回归系数统一估计，可以规避分位数交叉问题，但对不同分位数的差异刻画不足，使得模型精度受到影响。7.5 节介绍的就是一种分位数回归方法，关于分位数回归的基本原理将在该节详细介绍。

3) 核密度估计方法

核密度估计(kernel density estimation, KDE)方法最早由 Rosenblatt 和 Parzen 分别提出，因此又名为 Parzen-Rosenblatt 窗方法。该方法通过对每个样本“穿”上一个带宽可控的核函数，以不同核函数的加权平均构成分布函数，可以给出连续分布函数。由于并没有规定分布假设，该方法可以拟合各种不规则的分布。7.6 节介绍的就是一种改进的核密度估计方法，关于核密度估计的基本原理将在该节详细介绍。

4) 机器学习方法

以人工神经网络为代表的机器学习方法具有良好的非线性拟合性能，一些研究工作尝试将机器学习方法与概率预测结合起来，如根据预测区间可靠度和宽度组成的损失函数训练人工神经网络输出预测区间上下界，由于结果是预测区间，且并未规定参数分布，所以也是一种非参数的概率预测方法。但概率预测的损失函数存在不可导的问题，难以应用高效率的梯度优化算法，因此如何实现机器学习模型的高效建模求解是此类方法的难点。7.5 节将机器学习中的径向基函数神经网络与分位数回归结合在一起，是机器学习原理应用到概率预测中的典型示例。

7.3.3　单场站及区域风电场群的概率预测方法

随着风电装机容量的日益增长，风能资源丰富的地区往往汇聚着众多风电场，并成为影响系统电力平衡的主要功率波动源，区域风电场群的功率预测问题在此背景下变得愈发重要(Wang et al.，2017)。区域内各个风电场功率波动的不一致及误差的互相抵消导致多风电场总功率的波动性要远小于单一风电场的波动性，这使得大规模集群风电场的可预测性提高，这种现象称为区域风电功率预测的空间平滑效应(spatial smoothing effect)。

图 7-13(a)和(b)分别给出了某场站风电功率和全省风电总功率的概率预测区间图，其中区间颜色由深到浅依次为置信度是 100%、95%、90%和 85%的预测区间，预测区间反映了预测的不确定程度。由此可见明显的空间平滑效应，功

率标幺化后的全省风电总功率的预测区间相对于单场站的更窄，预测不确定性更小。

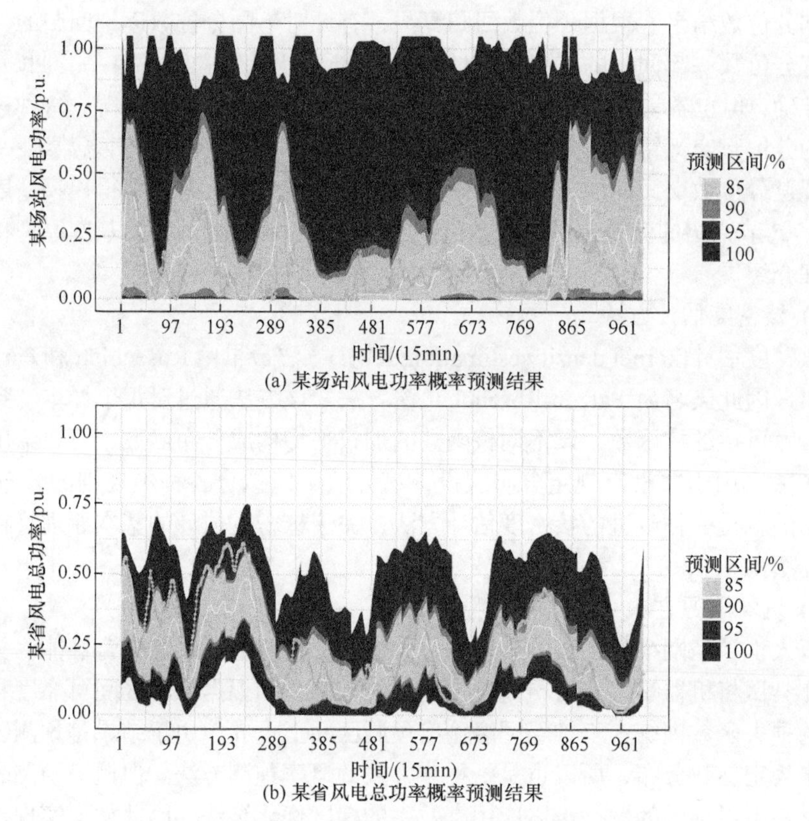

(a) 某场站风电功率概率预测结果

(b) 某省风电总功率概率预测结果

图 7-13 某场站和全省总风电功率概率预测结果对比

区域风电场群的总功率预测和单场站功率预测的输出结果都是由单一时间序列构成的，因此，各种针对单一时间序列进行的概率预测方法是可以直接用来进行区域风电场群总功率概率预测的。但是在进行区域风电场群预测时，由于涉及区域内多个场站的预测要素，输入数据要明显比单场站预测时复杂，场站间冗余信息的增多一方面会增加模型的复杂度，模型训练的计算量大大增加，另一方面也会影响模型泛化能力，需要对模型的输入特征进行筛选优化(叶林和赵永宁，2014)。

已知各个场站确定性功率预测结果，可以通过直接求和的方式得到多个场站总功率的确定性预测结果，但已知各个场站的概率预测结果，是难以通过直接求和的方式得到总功率的概率预测结果的。理论上，给定 n 个场站风电功率变量为 $p_1, p_2, \cdots, p_n$，对应的 n 个场站的确定性预测功率变量为 $\hat{p}_1, \hat{p}_2, \cdots, \hat{p}_n$，则总功率的概率分布函数需要通过式(7-11)的多重积分计算得到：

$$F_{\sum p|\hat{p}}(z)=\iiint_{\sum p=p_1+\cdots+p_n\leqslant z} f\left(p_1,p_2,\cdots,p_n\middle|\hat{p}_1,\hat{p}_2,\cdots,\hat{p}_n\right)\mathrm{d}p_1\mathrm{d}p_2\cdots\mathrm{d}p_n \tag{7-11}$$

根据贝叶斯原理，式(7-11)中的条件概率密度函数 $f\left(p_1,p_2,\cdots,p_n\middle|\hat{p}_1,\hat{p}_2,\cdots,\hat{p}_n\right)$ 可通过联合分布函数计算得到：

$$f_{p|\hat{p}}\left(p_1,p_2,\cdots,p_n\middle|\hat{p}_1,\hat{p}_2,\cdots,\hat{p}_n\right)=\frac{f_{p,\hat{p}}\left(p_1,p_2,\cdots,p_n,\hat{p}_1,\hat{p}_2,\cdots,\hat{p}_n\right)}{f_{\hat{p}}\left(\hat{p}_1,\hat{p}_2,\cdots,\hat{p}_n\right)} \tag{7-12}$$

但是，无论是联合分布函数还是求解多重积分都非常困难，工程上常采用 7.3.2 节中的经验 CDF 法，以各场站预测功率为条件影响变量，构建条件样本集，进而得到总功率概率分布函数的近似估计。

历史数据质量是影响概率预测效果的关键因素，而区域风电场群预测面临的数据质量问题要比单场站预测更加严峻。尤其在场站众多的大尺度区域范围内，许多风电场扩建、新建及维护不当等问题导致有效历史数据不足，在预测时不得不采用统计升尺度的方法，例如，对缺失了部分场站功率数据的总功率数据，需根据已知的装机容量进行还原修正，或者选择一部分数据完备且具有代表性风电场预测信息作为输入建立模型来预测区域总功率结果。在实际应用中，场站数据异常发生的时刻并不一致，造成同一时刻各场站数据均完备的情况仍会随着场站数量的增加而明显降低。图 7-14 给出了 d 个风电场功率数据异常情况的示意图，其中每列对应一个风电场的功率时间序列。

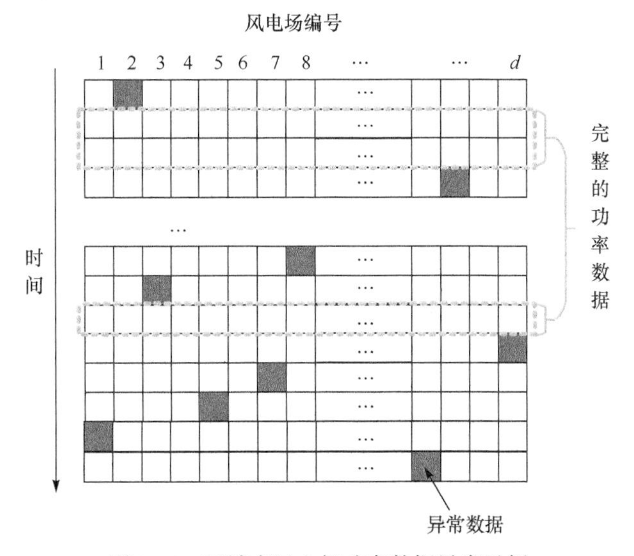

图 7-14　区域多风电场功率数据异常示例

7.4 概率预测的评价指标

与确定性预测一样，概率预测也是根据历史数据训练模型，再用训练好的模型对未来新数据进行预测，由于模型学习到的历史数据特征与未来的数据特征并不完全一致，概率预测的结果同样会出现偏差和错误，所以需要评价指标来衡量概率预测有效性。同时，概率预测指标结果可以反映出概率预测结果的特定缺陷，方便建模人员进行有针对性的优化。一些概率预测指标还作为模型优化的目标损失函数，直接影响模型的参数训练过程。

由于概率预测结果的评价是分析分布函数与对应实际值间的关系，难以通过单一时刻的一次或少数几次结果验证其好坏，通常需要考虑较长一段时间的预测结果和实际值计算对应的概率预测指标。下面具体介绍概率预测的不同评价指标。

7.4.1 可靠度

可靠度(reliability)评价指标是从分位数定义的角度来衡量概率预测结果无偏性的，即要求在数据充足的检测集上，预测分位数的名义概率α要和落在该预测分位数之下的实际值的频率$\hat{\alpha}$相同(Pinson，2006)。以上两者之间的偏差，作为预测分位数$\hat{q}^{(\alpha)}$可靠度的度量，分别如下：

$$D^{(\alpha)}=\hat{\alpha}-\alpha=\frac{1}{N}\sum_{i=1}^{N}\xi_i^{(\alpha)}-\alpha \tag{7-13}$$

$$\xi_i^{(\alpha)}=\begin{cases}1, & y_i<\hat{q}_i^{(\alpha)}\\0, & 其他\end{cases} \tag{7-14}$$

式中，$\xi_i^{(\alpha)}$为示性函数；N为检测集数据数量。

上面介绍的是对分位数可靠度的评价，而对于置信度区间$\hat{I}^{(1-\beta)}$来说，其可靠度也可以通过置信度$1-\beta$和落入预测区间内观测到的实际频率$1-\hat{\beta}$之间的偏差来度量，分别如下：

$$D^{(\beta)}=\left(1-\hat{\beta}\right)-\left(1-\beta\right)=\frac{1}{N}\sum_{i=1}^{N}\eta_i^{(\beta)}-\left(1-\beta\right) \tag{7-15}$$

$$\eta^{(\beta)}=\begin{cases}1, & \hat{q}^{(\beta/2)}<y<\hat{q}^{(1-\beta/2)}\\0, & 其他\end{cases} \tag{7-16}$$

式中，$\eta^{(\beta)}$为示性函数；N为验证集数据数量。

7.4.2 锐度

锐度(sharpness)通常由预测区间的平均宽度来描述，锐度越小，说明预测分布的不确定性越小，预测的分布越集中。在给定模型、参数及样本数据的条件下，某时刻所要预测的真实分布 f 是固定的，如果这个真实分布本身离散程度很大，通过概率预测方法也不能得到锐度值很小的预测结果。此外，对于锐度的考量是建立在预测结果满足可靠性指标的基础之上的。如果预测的可靠度存在很大偏差，锐度再小也没有意义。

式(7-17)给出了 i 时刻置信度为$1-\beta$的预测区间 $\hat{I}_i^{(\beta)}=\left[\hat{q}_i^{(\beta/2)},\ \hat{q}_i^{(1-\beta/2)}\right]$ 的区间宽度 $\delta_i^{(\beta)}$，而锐度通过式(7-18)计算区间宽度 $\delta_i^{(\beta)}$ 的平均值得到：

$$\delta_i^{(\beta)}=\hat{q}_i^{(1-\beta/2)}-\hat{q}_i^{(\beta/2)} \tag{7-17}$$

$$W^{(\beta)}=\bar{\delta}^{(\beta)}=\frac{1}{N}\sum_{i=1}^{N}\delta_i^{(\beta)} \tag{7-18}$$

由于概率分布受到各种预测条件相关变量的影响，在不同的预测条件下不确定性的分布特点有较大不同，在不同条件下给出不同概率预测分布的能力称为分辨率(resolution)。而锐度作为分布离散程度的一种粗略反映，其在不同条件下展现出的锐度差异在一定程度说明了概率预测方法的分辨能力。通过计算预测区间宽度的标准差可以衡量概率预测结果的分辨能力，置信度为$1-\beta$的预测区间的宽度标准差为

$$\sigma=\sqrt{\frac{1}{N}\sum_{i=1}^{N}\left(\delta_i^{(\beta)}-\bar{\delta}^{(\beta)}\right)^2} \tag{7-19}$$

除了计算预测区间宽度的标准差，也有根据不同条件影响变量划分不同检测集，再分别计算锐度来分析预测结果分辨能力的方法。

图 7-15 对比了两种概率预测区间的结果，不同预测区间由深到浅分别表示

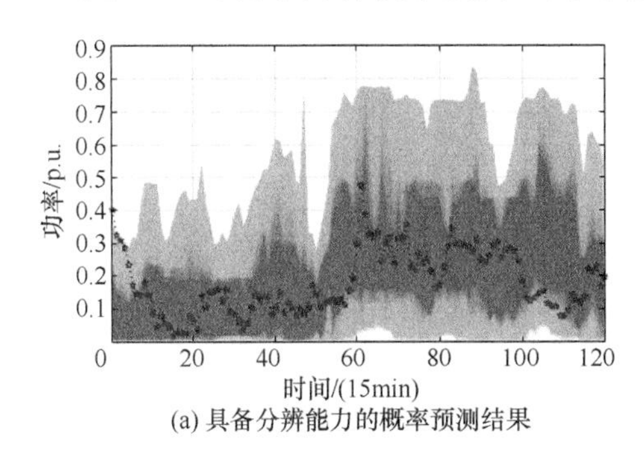

(a) 具备分辨能力的概率预测结果

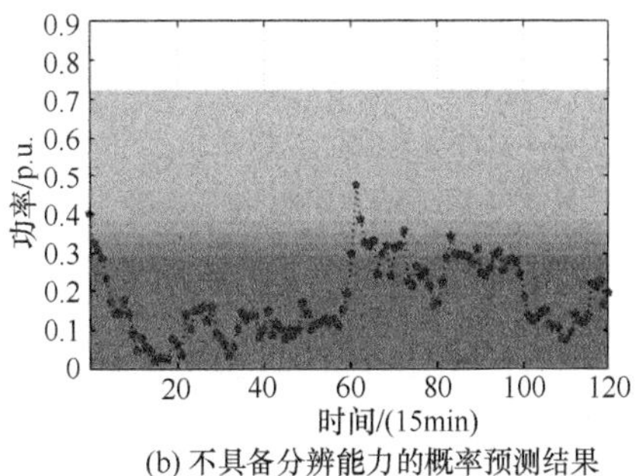

(b) 不具备分辨能力的概率预测结果

图 7-15　两种概率预测区间结果图

50%, 55%, ···, 95%置信度的预测区间，星形点线表示实测功率。图 7-15(a)在不同时刻给出了符合不同分布特征的预测区间，可以描述出不同条件下可预测性的差异，具备较好的分辨能力。而图 7-15(b)在不同时刻不同天气状况下均只给出单一分布，这种概率预测结果尽管计算出的可靠度也很高，但不具备分辨能力，没有提供有效的不确定性信息。考虑预测区间的锐度，则图 7-15(a)的平均预测区间宽度比图 7-15(b)更小。

7.4.3 技巧分数

技巧分数(skill score)是评价概率预测方法的量化指标，能够综合评价概率预测方法在可靠度、锐度等指标下的表现。在给定预测条件下，技巧分数需要客观地评价出哪种预测分布更接近真实分布。技巧分数的打分规则一般是数值越高，对应的概率预测结果质量越好。

针对概率预测的技巧分数已经开展了大量研究，并提出了不同的打分规则。但各种规则的技巧分数均需要满足一个前提条件，即要求其打分效果为真(proper)。对于预测分布 $\hat{F}$ 和实际观测值 x，某种技巧分数以 $S\left(\hat{F},x\right)$ 表示。假设 x 服从的真实分布是 F，在 $\hat{F}=F$ 时，技巧分数 $S\left(\hat{F},x\right)$ 打分最高，则 $S(\cdot,\cdot)$ 的打分效果为“真”，若这个最大值唯一，则为严格真(strictly proper)。

常见的满足打分效果为“真”的打分规则有对数分数(logarithmic score)、连续等级概率分数(continuous ranked probability score, CRPS)、Pinball 损失(Pinball loss)分数及 Winkler 分数。对数分数和 CRPS 主要用于概率预测结果为连续分布函数的打分， Pinball 损失分数用于对预测分位数结果进行打分，而 Winkler 分数主要针对预测区间打分。下面依次介绍上述打分规则。

1. 对数分数

给定预测概率密度函数 $\hat{f}$ 和实际值 x，对数分数如式(7-20)所示，与信息论中的香农熵相关联。这种分数的最大问题在于计算分数平均值时，如果某个实际值的 $\hat{f}(x)$ 取值接近 0，那么其对数分数将接近负无穷，因此个别异常值(outlier)得到的结果将显著影响整体评价，欠缺稳健性。

$$S\left(\hat{f},x\right)=\ln\hat{f}(x) \tag{7-20}$$

2. CRPS

CRPS 的打分规则是直接针对预测的 CDF $\hat{F}$ 来设计的，如式(7-21)所示。为保证正向打分结果，即质量高的预测得高分，在积分运算前加了负号。

$$S\left(\hat{F},x\right)=-\int_{-\infty}^{\infty}\left[\hat{F}\left(y\right)-\xi\left(y\geqslant x\right)\right]^{2}\mathrm{d}y \tag{7-21}$$

式中，x 为对应实际值；$\xi\left(y\geqslant x\right)$ 为示性函数，ξ 在满足括号内条件时取值为 1，其他条件取值为 0。

如图 7-16 所示，对 CRPS 直观的理解就是用预测的 CDF 与代表实际值的阶梯函数之间绝对面积的大小来决定评分结果。当然，图中阴影的面积越小，概率预测的质量越好。

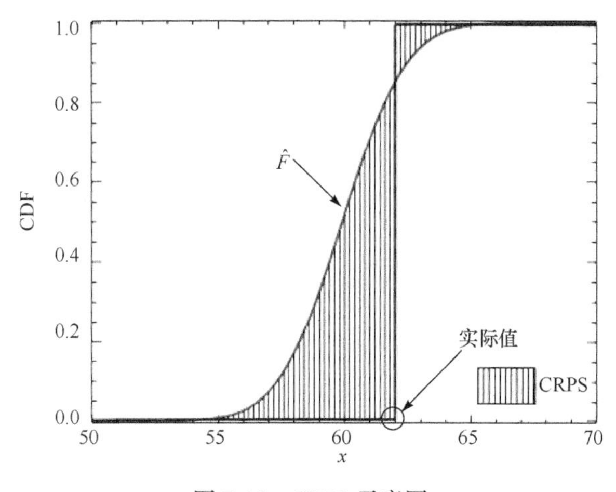

图 7-16　CRPS 示意图

但式(7-21)是积分计算，而大部分复杂的 $\hat{F}$ 不可积或不容易积分。对此可利用 Monte Carlo 随机抽样计算 CRPS，如下：

$$S\left(\hat{F},x\right)=-\left(E_{\hat{F}}\left|X-x\right|-\frac{1}{2}E_{\hat{F}}\left|X-X'\right|\right) \tag{7-22}$$

式中，X 和 X' 均是从预测分布 $\hat{F}$ 中随机采样的独立样本；E 表示计算期望值。

3. Pinball 损失分数

Pinball 损失分数又称分位数损失，是针对分位数预测结果的综合打分规则，其实就是分位数回归计算中各分位数损失函数结果的总和。为保证分数越大预测结果越好的正向特性，在分位数损失分数的结果前添加一个负号，如式(7-23)所示。当预测结果为完美预测，即预测值和实际值完全一致时，其取值为最大值 0。

$$S\left(\hat{q},x\right)=-\sum_{i=1}^{m}\left(\alpha_i-\xi^{(\alpha_i)}\right)\left(x-\hat{q}^{(\alpha_i)}\right) \tag{7-23}$$

式中，示性函数 $\xi^{(\alpha_i)}$ 在 $y \leqslant \hat{q}^{(\alpha_i)}$ 时取值为 1，其他情况取值为 0；m 表示不同名义概率的个数。

给定检测集数据量为 N，则平均 Pinball 损失分数 S 计算如下：

$$S = \frac{1}{N}\sum_{t=1}^{N} S\left(\hat{q}_t, x_t\right) \tag{7-24}$$

由于概率预测结果中分位数结果形式更为常见，且分布函数形式的概率预测结果可以方便地提取分位数，所以 Pinball 损失分数应用更为广泛，在许多概率预测竞赛中也作为评价概率预测质量的标准。然而，Pinball 损失分数也存在局限，式(7-23)对各个分位数的损失分数直接求和，难以反映出不同名义概率分位数对应的损失分数在数值上的显著差异。图 7-17 给出了某场站的概率预测结果中不同分位数的平均 Pinball 损失分数计算结果。其中，对于名义概率接近 0 和 1 的极端分位数点，其 Pinball 损失分数的绝对值非常小，对总体 Pinball 损失分数的影响也非常小。

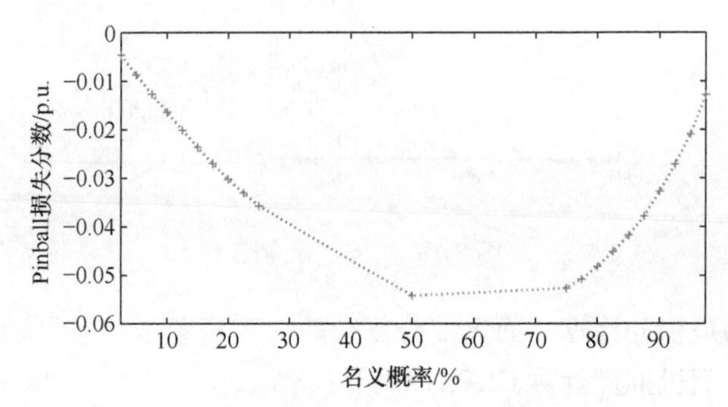

图 7-17 某场站不同分位数的平均 Pinball 损失分数计算结果

4. Winkler 分数

Winkler 分数是针对预测区间结果设计的打分规则。给定置信度为 $1-\beta$ 的预测区间 $\hat{I}=[\hat{L},\hat{U}]$，$\hat{U}$ 和 $\hat{L}$ 分别为预测区间的上下界，则 Winkler 分数计算如下：

$$S\left(\hat{I}, x\right) = \begin{cases} \delta, & \hat{L} \leqslant x \leqslant \hat{U} \\ \delta + 2\left(\hat{L} - x\right)/\beta, & x < \hat{L} \\ \delta + 2\left(x - \hat{U}\right)/\beta, & x > \hat{U} \end{cases} \tag{7-25}$$

式中，$\delta = \hat{U} - \hat{L}$ 就是预测区间宽度。

根据式(7-25)，当实际值落在预测区间中时，Winkler 分数就对应区间宽度；当实际值落在预测区间外时，则根据偏离程度给予相应惩罚。Winkler 分数是负向的打分规则，其数值越小，概率预测效果越好。

7.5　基于 RBF 神经网络的分位数回归概率预测方法

本节介绍一种风电功率概率预测的分位数回归方法。该方法可以实现对回归问题中解释变量与被解释变量间非线性映射关系的良好拟合及高维参数优化的高效求解，是一种具有实用价值的概率预测方法。

7.5.1　RBF 神经网络分位数回归

分位数回归刻画了解释变量与被解释变量条件分位数之间的关系，通过对称或非对称权重解决残差最小化的回归问题。

给定回归模型的设计矩阵为 $\boldsymbol{V}$=[$\boldsymbol{V}_1,\cdots,\boldsymbol{V}_n$]$\in\mathbf{R}^{p\times n}$，其中$\boldsymbol{V}_i=\left(v_1,\cdots,v_p\right)^{\mathrm{T}}\in\mathbf{R}^p$是 p 维的解释向量，回归参数为$\boldsymbol{\beta}=\left(\beta_1,\cdots,\beta_p\right)^{\mathrm{T}}\in\mathbf{R}^p$ 和截距 $\boldsymbol{b}=\left(b_0,\cdots,b_0\right)^{\mathrm{T}}\in\mathbf{R}^n$，则分位数 $\hat{\boldsymbol{q}}^{(\tau)}$ 的线性分位数回归方程表示为

$$\hat{\boldsymbol{q}}^{(\tau)}=\boldsymbol{V}^{\mathrm{T}}\boldsymbol{\beta}+\boldsymbol{b} \tag{7-26}$$

为估计式(7-26)中的参数，需要求解如下优化问题：

$$\left(\hat{b}_0,\hat{\boldsymbol{\beta}}\right)=\underset{b_0,\boldsymbol{\beta}}{\arg\min}\sum_{i=1}^{n}\rho_\tau\left(p_i-b_0-\boldsymbol{V}_i^{\mathrm{T}}\boldsymbol{\beta}\right) \tag{7-27}$$

式中，检验函数 $\rho_\tau(r)=\max\{\tau r,(\tau-1)r\}$，$r$ 为函数自变量；p_i 为实测功率；给定 n 组样本数据的风电功率向量为 $\boldsymbol{P}=\left(p_1,\cdots,p_n\right)^{\mathrm{T}}\in\mathbf{R}^n$。当研究对象为区域风电场群时，$\boldsymbol{P}$ 表示风电场群的总功率；当研究对象为单场站时，$\boldsymbol{P}$ 表示该场站的功率。对于不同名义概率 τ 的分位数，均可以求解一个线性分位数回归问题。

由于线性分位数回归方程难以描述风电功率预测模型的非线性映射关系，而风电功率预测中变量间的关系往往是复杂且非线性的，本节结合径向基函数改进了线性分位数回归方法。与 4.4 节介绍相同，径向基函数是一种基于向量距离$\|\boldsymbol{V}_i-\boldsymbol{C}\|$的实值函数。下面给出常用的高斯径向基函数，$\|\cdot\|$为欧氏范数，其参数则包括中心向量 $\boldsymbol{C}\in\mathbf{R}^p$ 和σ：

$$\phi(\|\boldsymbol{V}_i-\boldsymbol{C}\|)=\exp\left[-\|\boldsymbol{V}_i-\boldsymbol{C}\|^2/\left(2\sigma^2\right)\right] \tag{7-28}$$

在径向基函数的基础上，可以构建 RBF 神经网络模型，该模型具备对非线性连续函数的一致逼近性能。下面给出 $\hat{\boldsymbol{q}}^{(\tau)}$ 的基于径向基函数的分位数回归表达式：

$$\hat{q}_i^{(\tau)} = \sum_{j=1}^{K} \omega_j \phi\left(\| \boldsymbol{V}_i - \boldsymbol{C}_j \|\right) + b_0 \tag{7-29}$$

径向基函数构成了 RBF 神经网络隐层的各神经元，根据式(7-29)绘制出的 RBF 神经网络结构如图 7-18 所示。

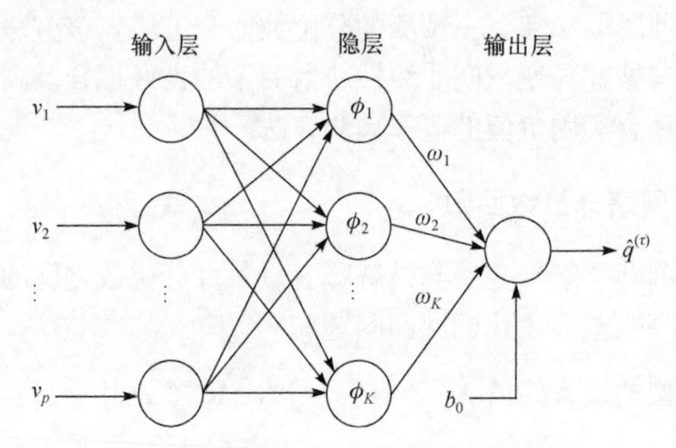

图 7-18　分位数回归的 RBF 神经网络结构图

对分位数回归 RBF 神经网络的训练就是估计参数 $\boldsymbol{\omega}=\left(\omega_1,\cdots,\omega_K\right)^{\mathrm{T}}$ 和 b_0 的过程，依然是求解线性分位数回归参数的优化问题，如下：

$$\left(\hat{b}_0, \hat{\boldsymbol{\beta}}\right) = \underset{b_0, \boldsymbol{\omega}}{\arg\min} \sum_{i=1}^{n} \rho_\tau \left(p_i - b_0 - \boldsymbol{\phi}^{\mathrm{T}} \boldsymbol{\omega} \right) \tag{7-30}$$

式中，$\boldsymbol{\phi} = \left(\phi_1,\cdots,\phi_K\right)^{\mathrm{T}}$ 为隐层神经元向量。

根据式(7-28)和式(7-29)，分位数回归 RBF 神经网络包括三种超参数①，即隐层神经元中心向量 $\boldsymbol{C}$、隐层神经元个数 K、高斯核标准差 σ 。中心向量 $\boldsymbol{C}$ 可通过对训练集中的解释向量 $\boldsymbol{V}_i$ 进行聚类后得到。尽管可以随机抽选数个样本点直接作为中心向量 $\boldsymbol{C}$，但通过聚类算法找到的差异较大的各聚类中心作为中心向量更具代表性，避免了所选 $\boldsymbol{C}$ 均呈现相似特性的局限。由于 K-means 聚类计算得到的聚类中心有可能出现不符合解释向量 $\boldsymbol{V}_i$ 物理意义的均值结果，推荐采用 K-mediods 聚类的围绕中心点划分(partitioning around mediods，PAM)算法，该方法得到的聚类中心均为解释向量 $\boldsymbol{V}_i$ 中现实存在的样本。高斯径向基核函数中的 σ 则通过中位数经验式(7-31)得到：

$$\sigma = \underset{1 \leqslant i < j \leqslant K}{\operatorname{median}} \left(\| \boldsymbol{C}_i - \boldsymbol{C}_j \| \right) \tag{7-31}$$

聚类中心向量 $\boldsymbol{C}$ 的个数 K 将直接影响模型复杂度及非线性映射的拟合精度。

① 在机器学习中，超参数是在开始学习过程之前设置值的参数，而不是通过训练得到的参数数据。通常情况下，需要对超参数进行优化，给学习机选择一组最优超参数，以提高学习的性能和效果。

不同的实例 K 值不同，其数值需要通过交叉验证的方法进行选取。

图 7-19 给出了不同 K 值下的概率预测结果，评价指标为平均 Pinball 损失分数。可见，K 值并不是越高越好，该实例中的最优 K 值为 15。过高的 K 值(即过多的聚类中心)反而容易造成模型过拟合，模型泛化能力降低，在检测集的预测效果反而变差。

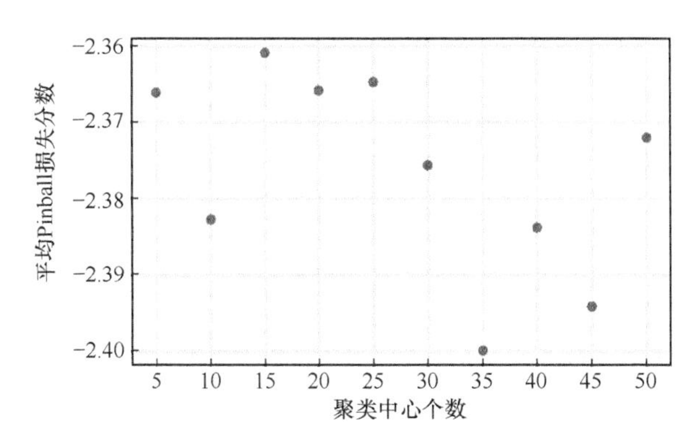

图 7-19　概率预测模型在不同聚类中心个数下的预测效果

7.5.2　基于 ADMM 算法估计分位数回归参数

7.5.1 节给出了估计 RBF 神经网络分位数回归的参数需要求解的优化问题，如式(7-30)所示，也就是模型训练的目标函数。而本节将详细介绍如何求解这一优化问题。

由于风电功率概率预测模型的解释变量种类很多，尤其是区域风电场群的预测，高维度的解释向量会带来冗余信息，降低了模型的学习效果，所以在参数估计的目标函数(7-30)引入最小绝对收缩与选择算子(least absolute shrinkage and selection operator，LASSO)正则项，可以在优化参数的同时使得许多解释变量的回归参数接近 0，进而实现特征变量的筛选，避免回归模型的多重共线性问题，提高模型的泛化能力。

给定 LASSO 正则项 $p_\lambda(|\boldsymbol{\omega}|)=\lambda\sum_{j=1}^{K}|\omega_j|$ 和残差 $r_i=p_i-b_0-\boldsymbol{\phi}^{\mathrm{T}}\boldsymbol{\omega}$，增加了 LASSO 正则项的优化问题为

$$
\begin{aligned}
\left(\hat{b}_0,\hat{\boldsymbol{\omega}}\right)&=\underset{b_0,\boldsymbol{\omega}}{\arg\min}\sum_{i=1}^{n}\rho_\tau\left(p_i-b_0-\boldsymbol{\phi}^{\mathrm{T}}\boldsymbol{\omega}\right)+p_\lambda\left(|\boldsymbol{\omega}|\right)\\
&=\underset{b_0,\boldsymbol{\omega}}{\arg\min}\sum_{i=1}^{n}\rho_\tau\left(r_i\right)+p_\lambda\left(|\boldsymbol{\omega}|\right)
\end{aligned}
\tag{7-32}
$$

由于 $\rho_\tau(r)$ 和 $p_\lambda(|\boldsymbol{\omega}|)$ 均不是光滑函数，优化这类非线性不可导的目标函数难以采用高效的梯度优化算法。此外，当所研究的回归问题解释变量维度很高时，

传统优化算法的计算效率有限,需要选择更高效的参数优化算法以满足应用需求。

交替方向乘子算法(alternating direction method of multipliers，ADMM)提供了一种将可加性凸优化问题拆解成多个简单子问题的方法，它既有乘子法的强收敛性质又有对偶上升法的分解性，因此适合求解变量众多的优化问题。

将式(7-30)写成有约束优化的形式：

$$\begin{aligned}&\min_{\boldsymbol{\omega}\in\mathbf{R}^{K+1}}\sum_{i=1}^{n}\rho_\tau(r_i)+p_\lambda(|\boldsymbol{\omega}|)\\&\text{s.t.}\quad \boldsymbol{\phi\omega}+\boldsymbol{r}=\boldsymbol{P}\end{aligned}\tag{7-33}$$

式中，$\boldsymbol{\phi}\in\mathbf{R}^{n\times(K+1)}$ 和 $\boldsymbol{\omega}\in\mathbf{R}^{K+1}$ 包含了截距项 b_0； $\boldsymbol{r}\in\mathbf{R}^n$ 为残差向量。

ADMM 交替优化 $\boldsymbol{r}$ 和 $\boldsymbol{\omega}$，再更新对偶变量 $\boldsymbol{u}$ 并进行迭代优化，其迭代过程如下：

$$\boldsymbol{r}^{(t+1)}=\arg\min_{\boldsymbol{r}\in\mathbf{R}^n}\sum_{i=1}^{n}\rho_\tau(r_i)+\frac{\rho}{2}\|\boldsymbol{P}-\boldsymbol{r}-\boldsymbol{\phi\omega}^{(t)}+\boldsymbol{u}^{(t)}/\rho\|^2\tag{7-34}$$

$$\boldsymbol{\omega}^{(t+1)}=\arg\min_{\boldsymbol{\omega}\in\mathbf{R}^{K+1}}\frac{\rho}{2}\|\boldsymbol{P}-\boldsymbol{r}^{(t+1)}-\boldsymbol{\phi\omega}+\boldsymbol{u}^{(t)}/\rho\|^2+p_\lambda(|\boldsymbol{\omega}|)\tag{7-35}$$

$$\boldsymbol{u}^{(t+1)}=\boldsymbol{u}^{(t)}+\rho\left(\boldsymbol{P}-\boldsymbol{r}^{(t+1)}-\boldsymbol{\phi\omega}^{(t+1)}\right)\tag{7-36}$$

式中，上标$(t+1)$表示第$(t+1)$次迭代的结果； $\rho>0$ 为惩罚项参数。

迭代过程中，$\boldsymbol{r}$ 的更新有着解析解(7-37)，其中 S_a 定义为对向量 $\boldsymbol{v}$ 逐项计算的软阈值算子，$S_a(\boldsymbol{v})=\max\{\boldsymbol{v}-\boldsymbol{a},0\}-\max\{-\boldsymbol{v}-\boldsymbol{a},0\}$，$\boldsymbol{a}$ 表示维度与 $\boldsymbol{v}$ 相同且各元素均为 a 的向量。而 $\boldsymbol{\omega}$ 的更新可以看成是 LASSO 正则化的线性最小二乘问题，其求解过程有着成熟的数值求解方法，如最小角回归法。

$$\boldsymbol{r}^{(t+1)}=S_{1/\rho}\left[\boldsymbol{P}-\boldsymbol{\phi\omega}^{(t)}+\boldsymbol{u}^{(t)}/\rho-(2\boldsymbol{\tau}_{n\times1}-\mathbf{1}_{n\times1})/\rho\right]\tag{7-37}$$

收敛条件为 $\|\boldsymbol{r}_{\text{primal}}^{(t+1)}\|\leqslant\varepsilon_{\text{primal}}$ 和 $\|\boldsymbol{r}_{\text{dual}}^{(t+1)}\|\leqslant\varepsilon_{\text{dual}}$。其中，原始残差为 $\boldsymbol{r}_{\text{primal}}^{(t+1)}=\boldsymbol{P}-\boldsymbol{\phi\omega}^{(t+1)}-\boldsymbol{r}^{(t+1)}$，对偶残差为 $\boldsymbol{r}_{\text{dual}}^{(t+1)}=\rho\boldsymbol{\phi}_*^{\text{T}}\left(\boldsymbol{r}^{(t+1)}-\boldsymbol{r}^{(t)}\right)$。$\varepsilon_{\text{primal}}$、$\varepsilon_{\text{dual}}$ 如下：

$$\begin{aligned}&\varepsilon_{\text{primal}}=\sqrt{n}\varepsilon_{\text{abs}}+\varepsilon_{\text{rel}}\max\left\{\|\boldsymbol{\phi}_*\boldsymbol{\omega}_*^{(t+1)}\|^2,\|\boldsymbol{r}^{(t+1)}\|^2,\|\boldsymbol{b}-\boldsymbol{P}\|^2\right\}\\&\varepsilon_{\text{dual}}=\sqrt{K}\varepsilon_{\text{abs}}+\varepsilon_{\text{rel}}\|\boldsymbol{\phi}^{\text{T}}\boldsymbol{u}^{(t+1)}\|^2\end{aligned}\tag{7-38}$$

式中，$\boldsymbol{\phi}_*$、$\boldsymbol{\omega}_*$ 表示去掉截距项的 $\boldsymbol{\phi}$、$\boldsymbol{\omega}$；参数 ε_{abs}、ε_{rel} 根据实际应用的精度需求确定。

表 7-1 分别统计了对 0.01～0.99 共 99 个分位数回归方程进行计算的总时间，对比的优化方法分别为 ADMM 和传统的内点(interior point，IP)法在不同个数回归参数下的表现。当回归参数个数较少时，ADMM 和 IP 法的计算效率差异不大，但是当回归参数增加时，ADMM 则明显优于 IP 法。

表 7-1　分位数回归参数的计算时间对比

优化算法	回归参数/个	计算时间/min
ADMM	16	1.18
	141	18.06
IP	16	1.25
	141	32.11

7.5.3　风向聚类的机制转换建模方法

风电场的功率曲线刻画了不同风速、风向下风电场的资源-功率转换特性。图 7-20 通过某风电场关于风速矢量(u,v)的风电功率曲面图反映了不同风向下的风电场输出功率差异。风向在多个方面影响风电场功率转换特性，如不同风向下的风电场尾流效应，不同风向下的地形、地表粗糙度差异等。考虑到上述不同风向带来的风电场输出功率差异，可以通过区域风向聚类对样本数据进行划分，并对分类的样本数据分别训练不同的模型，此类方法又称作机制转换(regime-switching)方法，有利于进一步提高预测效果。

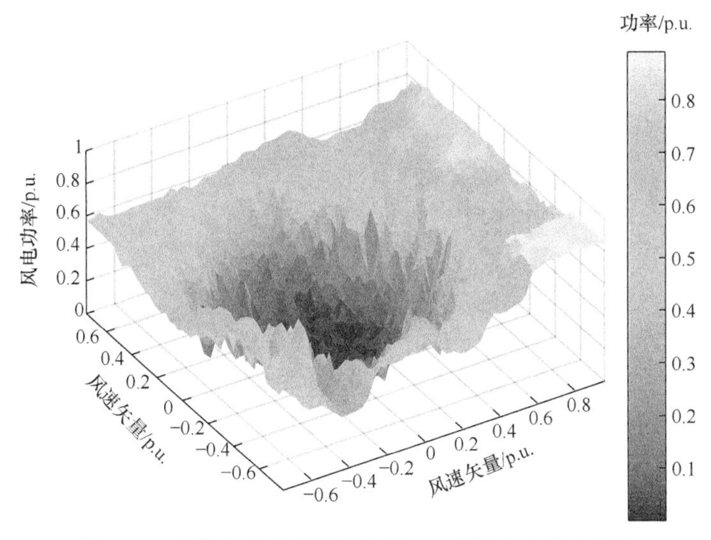

图 7-20　某风电场关于风速矢量(u,v)的风电功率曲面图

给定区域内 m 个风电场的 NWP 风向 $\hat{\theta}^{(1)},\cdots,\hat{\theta}^{(m)}$，分别计算各场站风向的正余弦组成向量 $\hat{\boldsymbol{x}}_\theta$，如下：

$$\hat{\boldsymbol{x}}_\theta=\left[\cos\left(\hat{\theta}^{(1)}\right),\cdots,\cos,\left(\hat{\theta}^{(\mathrm{m})}\right)\sin\left(\hat{\theta}^{(1)}\right),\cdots,\sin\left(\hat{\theta}^{(m)}\right)\right]^{\mathrm{T}} \tag{7-39}$$

两个风向向量间的相似度通过余弦距离 $d_{\theta1,\theta2}$ 表征，并作为 K-mediods 算法的距离指标进行聚类：

$$d_{\theta1,\theta2}=1-\hat{\boldsymbol{x}}_{\theta1}^{\mathrm{T}}\hat{\boldsymbol{x}}_{\theta2}\Big/\sqrt{\left(\hat{\boldsymbol{x}}_{\theta1}^{\mathrm{T}}\hat{\boldsymbol{x}}_{\theta1}\right)\left(\hat{\boldsymbol{x}}_{\theta2}^{\mathrm{T}}\hat{\boldsymbol{x}}_{\theta2}\right)} \tag{7-40}$$

完成聚类后得到风向聚类中心$\{\boldsymbol{X}_k\}(k=1,2,\cdots,K)$。在计算预测功率分位数时，机制转换方法先自动判断余弦距离 d 最小的聚类$\boldsymbol{X}_k$，并采用相应的回归参数$\boldsymbol{\omega}$和$\boldsymbol{b}$计算结果。每个分位数的计算就在K个回归方程中切换，如下：

$$\hat{q}_i=\begin{cases}\boldsymbol{\phi}^{\mathrm{T}}\boldsymbol{\omega}_1+b_1, & d\left(\boldsymbol{x}_{\theta i},\boldsymbol{X}_1\right)\text{最小}\\ \boldsymbol{\phi}^{\mathrm{T}}\boldsymbol{\omega}_2+b_2, & d\left(\boldsymbol{x}_{\theta i},\boldsymbol{X}_2\right)\text{最小}\\ \quad\vdots & \quad\vdots\\ \boldsymbol{\phi}^{\mathrm{T}}\boldsymbol{\omega}_K+b_K, & d\left(\boldsymbol{x}_{\theta i},\boldsymbol{X}_K\right)\text{最小}\end{cases} \tag{7-41}$$

聚类数量K的确定需要保证各聚类下样本数量充足，否则，过少的样本数量反而会造成模型欠拟合，降低预测效果。

7.5.4 实例分析

这里以华北某省 28 个风电场为例进行区域风电场群总功率的概率预测分析。所建模型预测未来 6～30h 的总功率，属于短期预测应用场景。在此场景下，统计模型的解释变量以 NWP 数据为主。考虑对风电功率影响较大的气象变量，此处选取目标时刻前后各 2h 时间窗内的 NWP 风速、风向、温度、气压作为预测模型的输入。径向基函数中心向量$\boldsymbol{C}$的确定过程虽然也采用了上述各气象变量，但进行了适当简化，仅以当前时刻的变量进行聚类。在实际应用中，可以根据特定应用中的预测效果，选择不同的气象变量组合。

概率预测模型生成 1%, 2%,⋯, 99%共 99 个分位数结果。进行对比的四个模型介绍如下。

M1：采用k近邻法选择与目标的预测条件相似的历史数据，并根据经验 CDF 直接提取对应分位数结果，是常用的概率预测方法。

M2：基于 RBF 神经网络的分位数回归模型。

M3：传统的线性分位数回归模型。

M4：基于 RBF 神经网络的分位数回归机制转换模型，其中区域风向聚类为四个中心。

图 7-21 对比了四个模型的可靠度。四个模型的大部分分位数可靠度存在一定程度的正偏，即实际观测频率高于对应的分位数名义概率。整体上，低概率的分位数可靠度偏差要大于高概率分位数的可靠度偏差，这与风电场站实测功率数据中常见的持续零出力的异常情况有关。在 1%～10%的分位数处，各模型差异较小，在 10%～80%的分位数处，M3 和 M4 的可靠度偏差基本上明显小于 M1 和 M2，在 80%以上的分位数处，M4 存在约 3%的负偏差，表现相对较差，例如预测的

90%分位数，实际上仅有 87%的检测样本落在 90%分位数之下。对可靠度负偏差敏感的用户可尽量选取更保守的概率预测结果以规避风险。整体上，各分位数总偏差，M1 和 M2 相对较大，而 M3 和 M4 表现更好。

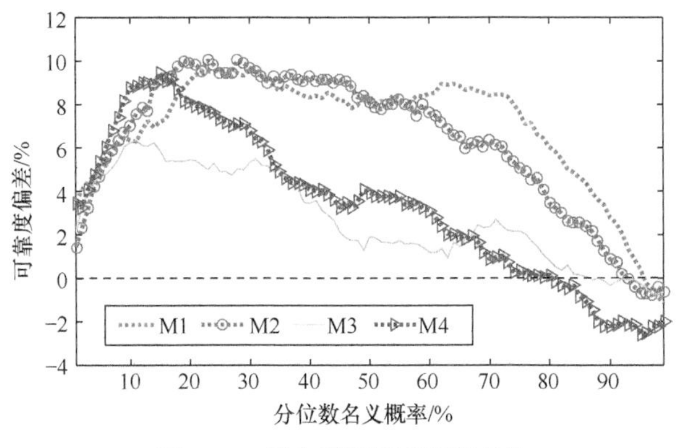

图 7-21　四个模型的可靠度对比

图 7-22 给出了四个模型在置信度为 2%,4%,⋯,98%共 49 个预测区间的锐度评价结果。该 49 个预测区间由上述的 99 个分位数(去掉中位数)通过两两组合得到，例如置信度 98%的预测区间的上下界分别为 1%分位数和 99%分位数。四个模型的锐度表现接近，但采用了 RBF 神经网络的模型 M2 和 M4，整体预测区间更窄，线性模型 M3 的预测区间则宽度最大，体现了非线性模型的拟合优势。由于输入的有效预测信息相同，预测的潜在不确定性接近，这是锐度评价结果相差不大的主要原因。

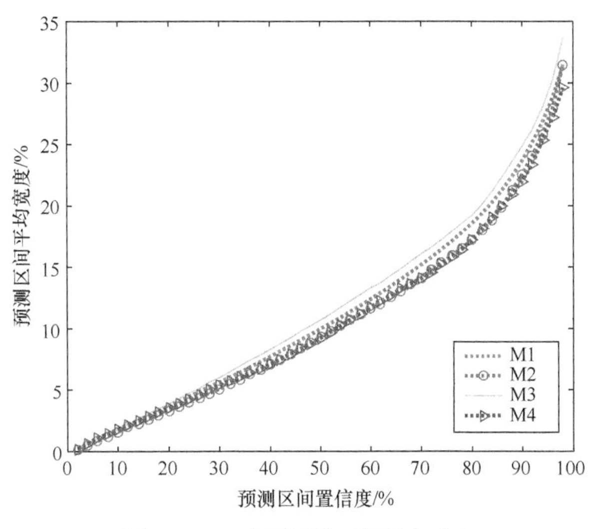

图 7-22　四个预测模型的锐度对比

图 7-23 给出了综合评价的指标——平均 Pinball 损失分数。在预测时长 24h 的范围内，概率预测质量并不是单纯递减，而是呈现双峰状态，这可能与昼夜更替的天气状况差异有关。其中，线性模型 M3 由于对非线性的功率转换关系描述不足，表现最差。两个 RBF 神经网络模型 M2 和 M4 表现相对较好，而采用了风向聚类机制转换的 M4 则相较于 M2 有了进一步的提高，尤其在预测时长较短时，效果提升更加明显。

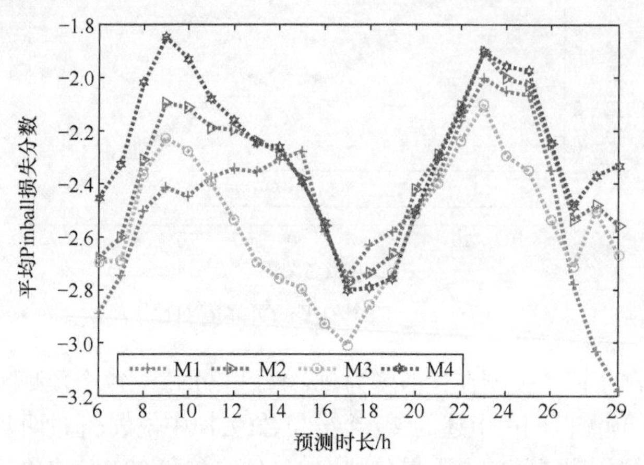

图 7-23　四个预测模型在不同预测时长下的平均 Pinball 损失分数

箱型图可以概括出数据的分布情况，图 7-24 以通过箱型图的方式描绘了四个模型对检测集不同时刻数据计算出的 Pinball 损失分数的分布情况。其中，箱型的上下两个边分别对应 75%分位数和 25%分位数，即有一半样本的 Pinball 损失分数分布于箱型区域内，箱子中间的线对应 50%分位数。基于 RBF 神经网络的分位数回归

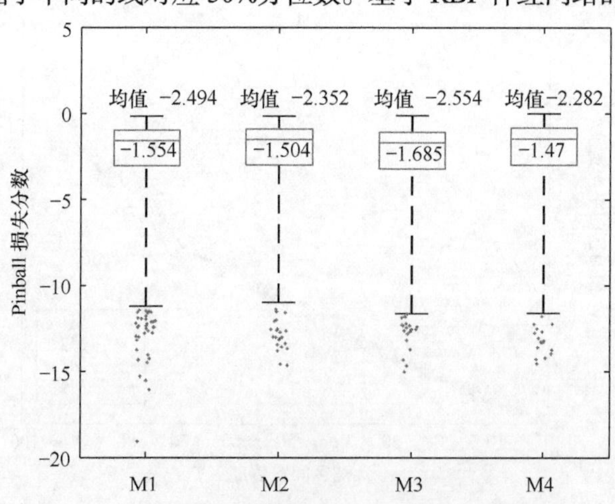

图 7-24　四个预测模型的 Pinball 损失分数箱型图

机制转换模型相对于线性分位数回归模型，其 Pinball 损失分数的均值从–2.554 提高到–2.282，中位数从–1.685 提高到–1.47，提升效果明显。

图 7-25 以 M4 模型为例给出了不同置信度的预测区间概率预测结果图，其中预测区间由内到外分别用不同深度的颜色表示出 2%,4%,⋯,98% 置信度共 49 个预测区间的结果。

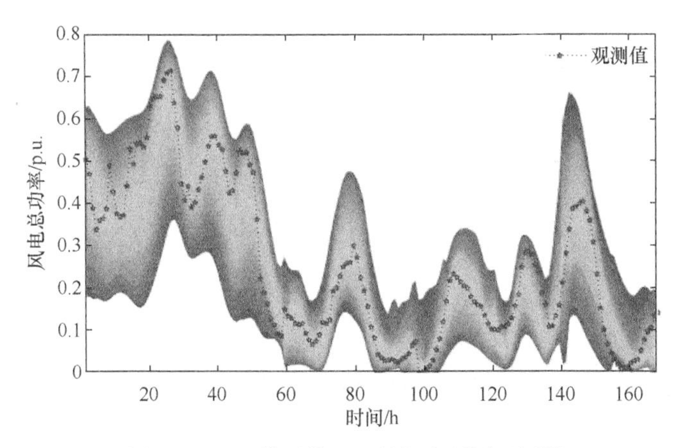

图 7-25　M4 模型某 7 天的概率预测区间图

7.6　基于距离加权核密度估计的概率预测方法

本节介绍一种能够得到连续分布函数结果的风电功率概率预测方法。本方法通过 k 近邻法筛选条件样本，再采用基于距离加权的核密度估计方法对条件样本进行分布拟合，拟合中采用了距离加权的方法实现不同样本重要性的区分。通过 Beta 核函数，有效地避免了高斯核函数在风电功率分布拟合中出现的边界概率密度泄露问题(Wang et al.，2018b)。

7.6.1　基于 k 近邻法的条件样本集构建

k 近邻法可以从样本数据中找到与目前预测对象的解释变量最相似的 k 个样本。用这 k 个样本组成条件样本集，并对其进行分布拟合就可以得到概率预测分布结果。样本间的相似度通过距离函数表示，例如由风电预测相关的预测要素(如 NWP)组成的解释向量表示为 $\boldsymbol{V}_i=(v_1,\cdots,v_p)^{\mathrm{T}}\in\mathbf{R}^p$，则 $\boldsymbol{V}_1$ 和 $\boldsymbol{V}_2$ 的欧氏距离 $d\left(\boldsymbol{V}_1,\boldsymbol{V}_2\right)$ 计算如下：

$$d\left(\boldsymbol{V}_1,\boldsymbol{V}_2\right)=\sqrt{\left(\boldsymbol{V}_1-\boldsymbol{V}_2\right)^{\mathrm{T}}\operatorname{diag}\left(\omega_1,\cdots,\omega_m\right)\left(\boldsymbol{V}_1-\boldsymbol{V}_2\right)} \tag{7-42}$$

式中，ω_i 表示不同变量的权值。

对于未来 t 时刻已知的解释向量为 $\boldsymbol{V}_t$，通过 k 近邻法找到历史数据中 k 个与 $\boldsymbol{V}_t$ 最相似的样本 $\{\boldsymbol{V}_i\}(i=1,2,\cdots,k)$，欧氏距离 $D_i=d(\boldsymbol{V}_i,\boldsymbol{V}_t)$ 及对应的实际功率 P_i 组成条件样本集 $\{(D_i,P_i)\}(i=1,2,\cdots,k)$，可用于未来 t 时刻的条件概率分布拟合，也就是通过 7.6.2 节距离加权的核密度估计方法进行拟合。

7.6.2　基于距离加权的核密度估计方法

核密度估计方法是一种非参数的概率密度拟合方法，可以拟合不同规则的概率分布，其直观的理解是对每一个样本“穿”上一个核函数，而最终的分布函数由加权的核函数构成。

给定独立同分布的一组样本 $X_1,\cdots,X_N$，通过核密度估计方法拟合如下：

$$\hat{f}(x)=\frac{1}{Nh}\sum_{i=1}^{N}K\left(\frac{x-X_i}{h}\right) \tag{7-43}$$

式中，$K(\cdot)$ 为核函数，是一种非负的积分等于 1 的函数；带宽 h 控制了分布拟合的平滑程度。

表 7-2 给出了常用的五种核函数。图 7-26 绘制了这五种核函数的概率密度函数图。

表 7-2　常用的核函数

名称	$K(x)$	定义域
均匀核函数	$1/2$	$-1<x<1$
三角核函数	$1-\|x\|$	$-1<x<1$
二次项核函数	$(3/4)(1-x^2)$	$-1<x<1$
四次项核函数	$(15/16)(1-x^2)^2$	$-1<x<1$
高斯核函数	$(2\pi)^{-1/2}\exp(-x^2/2)$	$-\infty<x<\infty$

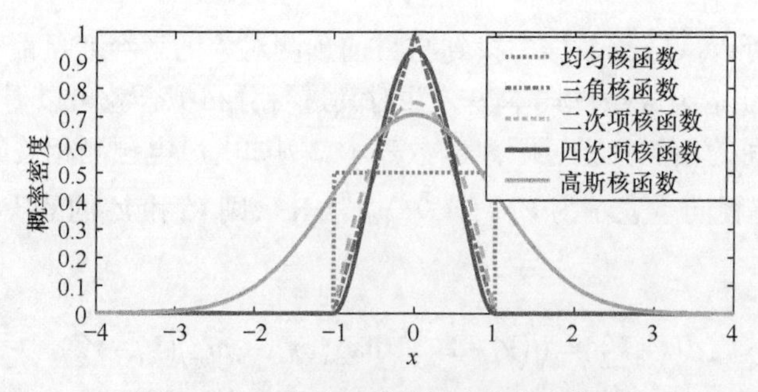

图 7-26　五种核函数的概率密度函数图

1. 距离加权核密度

式(7-43)描述的核密度估计方法赋予了每个样本相同的权重，但是通过 k 近邻法找到的条件样本存在着相似度的差异。因此，本章提出了基于距离加权的核密度估计(distance weighted kernel density estimation, DWKDE)方法以区分不同相似度样本对于条件概率密度函数的影响。

通过 DWKDE 方法得到的条件概率密度函数如下：

$$\hat{f}_{t+h|t}(p)=\frac{1}{\eta_G}\sum_{i=1}^{k}w_i(D_i)\,G\left(\frac{p-P_i}{\eta_G}\right) \tag{7-44}$$

式中，$G(\cdot)$ 为标准高斯核函数；η_G 为高斯核函数的带宽参数，可以控制拟合的平滑程度；距离权值 w_i 与距离变量 d_i 之间的关系通过如下距离核函数表示：

$$w_i(d_i)=\frac{\exp(-d_i/\eta_d)}{\sum_{j=1}^{k}\exp(-d_j/\eta_d)} \tag{7-45}$$

式中，η_d 为距离核函数的带宽参数，可以控制距离权值对距离变量变化的灵敏程度。

图 7-27 给出了不同带宽 η_d 取值下的距离核函数，可以发现，当 η_d 较小时，距离权值对距离变化更敏感。特殊地，当 η_d 趋于无穷大时，则变为等权值核密度估计方法。

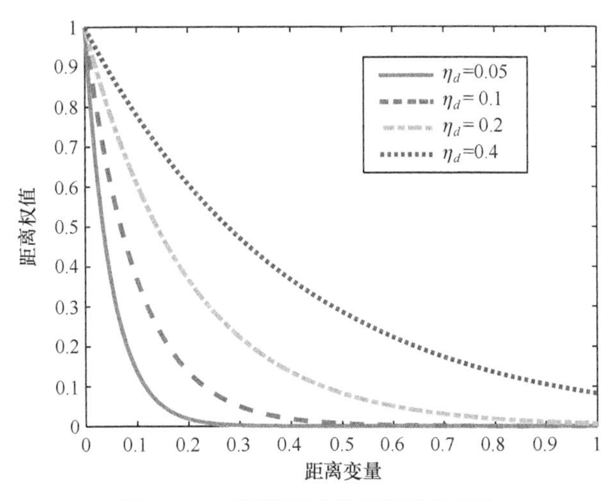

图 7-27 不同带宽参数的距离核函数

图 7-28 给出了 DWKDE 方法拟合的示意图。图中，不同的样本点权重并不相等，因此各核函数虚线下的面积也不相等，各个核函数加起来得到最终的粗实线，即概率密度函数。其中权重高的样本对最终结果影响更大。

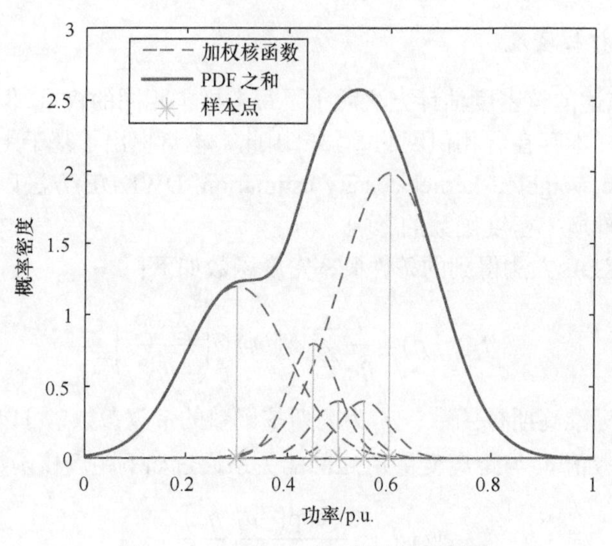

图 7-28　DWKDE 方法拟合的示意图

2. Beta 核函数

由于风电功率是有界变量，在 0 出力和额定出力处常有概率密度累积，而高斯核函数在边界的拟合会发生概率密度溢出的现象，使得拟合的概率密度函数下的面积小于 1，导致拟合不准确。此处采用新的 Beta 核函数方法来应对这一边界效应。

Beta 分布是定义在[0,1]区间的分布，通过 α 和 β 两个形状参数控制其分布的形状。此处采用一种形状参数 α 和 β 分别等于 $x/h+1$ 和$(1-x)/h+1$ 的 Beta 核函数 $K\left(x\middle|x/h+1,(1-x)/h+1\right)$，其中 h 为带宽。此 Beta 核函数可以根据拟合变量 x 的取值不同，得到不同的形状参数取值，进而得到不同形状的 Beta 分布，如图 7-29

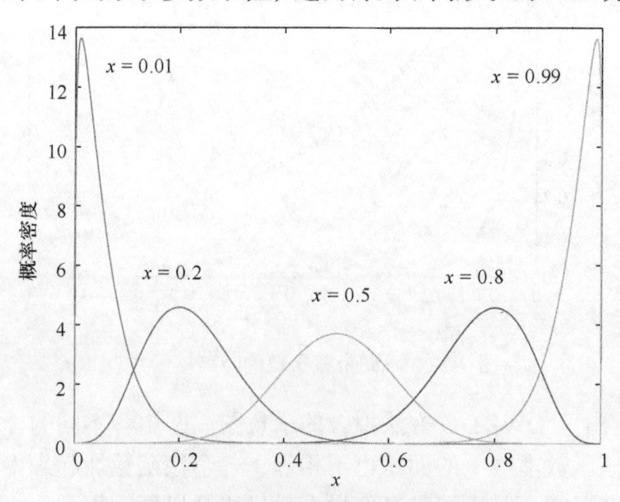

图 7-29　不同 x 取值下的 Beta 核函数分布

所示，其中带宽 h 统一取值为 0.05。可见，样本 x 取值在边界附近(如 x=0.01 和 x=0.99)的 Beta 分布也不存在概率密度分布超出边界的现象。

采用了 Beta 核函数 $K\left(x\middle|x/h+1,(1-x)/h+1\right)$ 的 DWKDE 拟合的概率密度函数表达式如下：

$$\hat{f}(p)=\sum_{i=1}^{k}w_i(D_i)K\left(p\middle|P_i/h+1,(1-P_i)/h+1\right) \tag{7-46}$$

式中，P_i 表示通过 k 近邻法得到的 i 个风电功率样本数据，i=1,2,⋯,k。

图 7-30 给出了两种核函数在大部分样本功率为低功率时的风电功率条件概率密度分布拟合情况。其中，*表示样本点，虚线表示每个样本的核函数，而粗实线表示各核函数分布的总和。

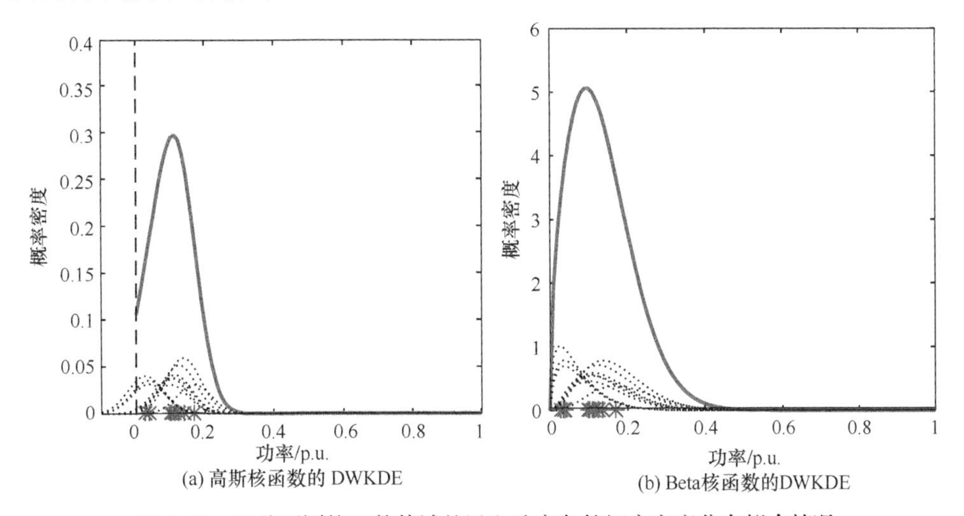

图 7-30　两种不同核函数估计的风电功率条件概率密度分布拟合情况

图 7-30(a)中由于高斯核函数是对称无边界的核函数，在 0 值附近存在明显的概率密度溢出，此时区间[0,1]的总概率小于 1，不可避免地带来拟合误差；而图 7-30(b)中每个样本的 Beta 核函数都没有跨越 0 点，很好地避免了概率密度溢出的问题。

7.6.3　实例分析

本节对所提 DWKDE 方法的概率预测效果进行验证。用于参照对比的模型有两个：一个是用 k 近邻法选择与目标的预测条件相似的历史数据，并根据经验累积分布函数直接提取对应分位数结果的模型，标记为“Emp”；另一个是复合的分位数线性回归(composite quantile linear regression)模型，标记为“CQR”。

预测对象为华北某省 12 个风电场组成的区域风电场群，图 7-31 绘制了概率预测评价指标图。

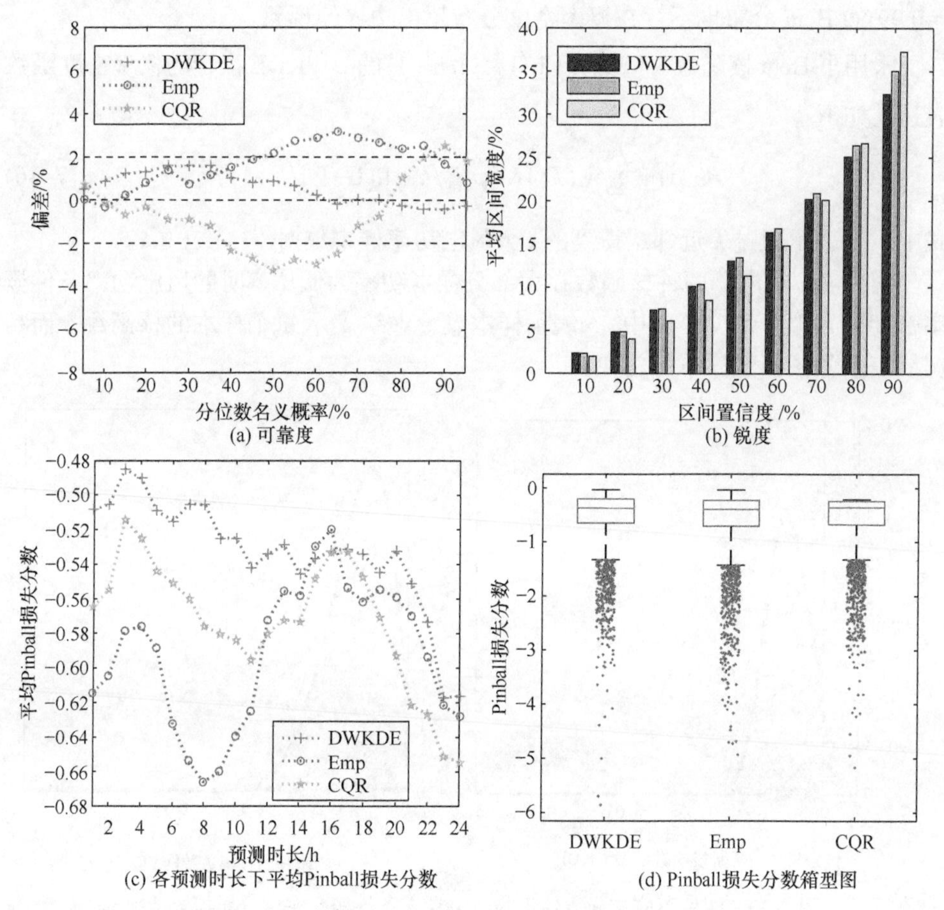

图 7-31　概率预测评价指标图

图 7-31(a)给出了各分位数相对于实际观测频率间的偏差，其中 DWKDE 方法在各名义概率下的偏差在 ± 2%以内，可靠度表现最好，而 Emp 方法和 CQR 方法均有部分过估计(正偏大)和欠估计(负偏大)的情况发生，整体的可靠度偏差相对 DWKDE 方法要大。

在图 7-31(b)的锐度图中可以发现 DWKDE 方法对于分布的集中能力较好，预测区间整体宽度较低。

虽然 DWKDE 方法能够给出完整的概率密度函数，但由于 Emp 方法和 CQR 方法都只能给出离散的分位数结果，所以技巧分数的对比采用基于分位数集合的 Pinball 损失分数。图 7-31(c)给出了各种方法的平均 Pinball 损失分数随预测时长的变化情况，可以发现三种方法的分数都有着随时间下降的趋势，说明在预测较远时刻的风电功率时其可预测性有所下降，当然也不是严格按照这一特点递减，而是受到多种复杂因素的影响起伏波动。其中，DWKDE 方法的分数整体较稳定，基本处于各时间段的高位；而 Emp 方法和 CQR 方法得分相对较低，Emp 方法波动剧烈。

图 7-31(d)给出了三种方法的 Pinball 损失分数箱型图，可以发现各模型得分的分布均为长尾分布，而 DWKDE 方法集中在高分数的样本更多。

综上所述，DWKDE 方法取得了相对于传统方法更好的概率预测效果。

为对比不同核函数的拟合效果，接下来采用以下四个模型进行对比：①线性分位数回归模型表示为 QR 模型，用作基础参考模型；②高斯核 KDE 模型表示为 Gau 模型；③Beta 核 DWKDE 方法表示为 Beta 模型；④对功率进行对数变换后再利用高斯核模型拟合的方法表示为 LogGau 模型。图 7-32 给出了四个核函数模型不同预测时长下的平均 Pinball 损失分数图。

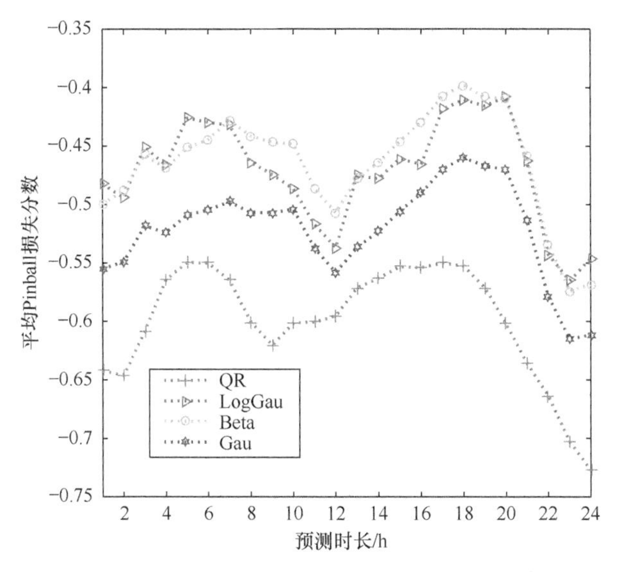

图 7-32　四个核函数模型的平均 Pinball 损失分数图

图 7-32 中，QR 模型有限的参数描述和线性模型的局限使得其预测效果明显低于其他各模型。此外，Gau 模型没有进行风电功率概率密度分布的边界效应修正，其预测的分布存在明显偏差，导致概率预测得分较低。Beta 和 LogGau 模型由于采用了针对有界变量的边界效应修正方法，概率预测质量得到了提高，且 Beta 核函数的方法略优于对数变换的方法。

参 考 文 献

陈德辉, 薛纪善. 2004. 数值天气预报业务模式现状与展望[J]. 气象学报, 62(5): 623-633.
范高锋. 2008. 风电功率预测技术及其应用研究[D]. 北京：中国电力科学研究院.
范高锋, 裴哲义, 辛耀中. 2011. 风电功率预测的发展现状与展望[J]. 中国电力, 44(6): 38-41.
范高锋, 王伟胜, 刘纯, 等. 2008. 基于人工神经网络的风电功率预测[J]. 中国电机工程学报, 28(34): 118-123.
冯双磊. 2009. 风电功率预测物理方法研究[D]. 北京: 中国电力科学研究院.
冯双磊, 王伟胜, 刘纯, 等. 2010. 风电场功率预测物理方法研究[J]. 中国电机工程学报, 30(2): 1-6.
黄嘉佑. 1990. 气象统计分析与预报方法[M]. 北京：气象出版社.
蒋宗礼. 2001. 人工神经网络导论[M]. 北京: 高等教育出版社.
廖洞贤, 王两铭. 1986. 数值天气预报原理及其应用[M]. 北京: 气象出版社.
乔颖, 鲁宗相, 闵勇. 2017. 提高风电功率预测精度的方法[J]. 电网技术, 41(10): 3261-3269.
沈桐立，田永祥，葛孝贞. 2003. 数值天气预报[M]. 北京: 气象出版社.
盛裴轩, 毛节泰, 李建国, 等. 2013. 大气物理学[M]. 北京: 北京大学出版社.
王钊. 2018. 区域多风电场功率的概率预测方法研究[D]. 北京：清华大学.
王铮, Rui P, 冯双磊, 等. 2017. 基于加权系数动态修正的短期风电功率组合预测方法[J]. 电网技术, 41(2): 500-507.
徐曼, 乔颖, 鲁宗相. 2011. 短期风电功率预测误差综合评价方法[J]. 电力系统自动化, 35(12): 20-26.
薛禹胜, 郁琛, 赵俊华, 等. 2015. 关于短期及超短期风电功率预测的评述[J]. 电力系统自动化, 39(6): 141-151.
叶林，赵永宁. 2014. 基于空间相关性的风电功率预测研究综述[J]. 电力系统自动化, 38(14): 126-135.
赵鸣. 2006. 大气边界层动力学[M]. 北京: 高等教育出版社.
Alexandros M, John C, David I. 2006. Wind turbine wake modelling in complex terrain[C]. European Wind Energy Conference, Athens: 468-478.
Bauer P, Thorpe A, Brunet G. 2015. The quiet revolution of numerical weather prediction[J]. Nature, 525(7567): 47-55.
Bludszuweit H, Dominguez-Navarro J A, Llombart A. 2008. Statistical analysis of wind power forecast error[J]. IEEE Transactions on Power Systems, 23(3): 983-991.
Burton T, Sharpe D, Jenkins N, et al. 2001. Wind Energy Handbook[M]. New York: John Wiley & Sons.
Damousis I G, Alexiadis M C, Theocharis J B, et al. 2004. A fuzzy model for wind speed prediction and power generation in wind parks using spatial correlation[J]. IEEE Transactions on Energy

Conversion, 19(2): 352-361.

Giebel G, Brownsword R, Kariniotakis G N, et al. 2011. The State of the Art in Short-Term Prediction of Wind Power: A Literature Overview[R/OL]. 2nd ed. http://www.windpowerpredictions.com/downloads.html.

Haykin S. 2004. 神经网络原理[M]. 叶世伟, 史忠植, 译. 北京: 机械工业出版社.

Hornik K. 1989. Approximation capabilities of multilayer feedforward networks[J]. Neural Networks, 4(2): 251-257.

Kalnay E. 2003. Atmospheric Modeling, Data Assimilation and Predictability[M]. Cambridge: Cambridge University Press.

Landberg L. 1994. Short-term Prediction of Local Wind Conditions[D]. Roskilde: RisØ National Laboratory.

Martin H T, Howard D B, Mark B H. 2002. 神经网络设计[M]. 戴葵, 译. 北京: 机械工业出版社.

Pinson P. 2006. Estimation of the uncertainty in wind power forecasting[D]. Paris: Ecole des Mines de Paris.

Pinson P, Kariniotakis G. 2010. Conditional prediction intervals of wind power generation[J]. IEEE Transactions on Power Systems, 25(4): 1845-1856.

Sideratos G, Hatziargyriou N D. 2007. An advanced statistical method for wind power forecasting[J]. IEEE Transactions on Power Systems, 22(1): 258-265.

Stathopoulos C, Kaperoni A, Galanis G, et al. 2013. Wind power prediction based on numerical and statistical models[J]. Journal of Wind Engineering and Industrial Aerodynamics, 112: 25-38.

Stull R S. 1988. An Introduction to Boundary Layer Meteorology[M]. Berlin: Springer Science & Business Media.

Wang Z, Wang W S, Liu C, et al. 2018a. Probabilistic forecast for multiple wind farms based on regular vine copulas[J]. IEEE Transactions on Power Systems, 33(1): 578-589.

Wang Z, Wang W S, Liu C, et al. 2018b. Short-term probabilistic forecasting for regional wind power using distance-weighted kernel density estimation[J]. IET Renewable Power Generation, 12(15): 1725-1732.

Wang Z, Wang W S, Wang B. 2017. Regional wind power forecasting model with NWP grid data optimized[J]. Frontiers in Energy, 11(2): 175-183.